943 窮學生懶人食譜

輕鬆料理＋節省心法＝簡單省錢過生活

朱雀文化

因為雞婆，
我學會了943「就是省」！

起初，做菜只是為了好玩，後來到英國唸書，即使有錢也買不到好吃的料理，又必須節省做菜時間來唸書，因此自行摸索、誤打誤撞實驗出一系列省錢省時省力，又希望能兼顧環保的料理。

剛開始把這些料理放上部落格，其實只是為了拋磚引玉、學習更多烹飪妙計，也順便滿足我旺盛又雞婆的分享欲望。總覺得好東西要和好朋友分享，好方法當然也要「吃好道相報」，沒想到網友們的回應及鼓勵激起了我實驗找尋各種小妙方的志向，才知道原來許多人亦需更有效率的方式過生活。

在分享的過程當中，向來喜歡為基層及入門者服務的我，更發現許多人受限於種種環境上的限制而無法享受美好生活，我想起自己初到英國時克服「沒錢、沒時間、沒台灣食材」的艱難，決定替有需要的讀者們實驗出更簡便且省錢的食譜和生活小撇步，無論是廚具短缺的宿舍族、廚房

新手、忙碌的上班族、想節省荷包的人們，都成了我想分享經驗的對象，哪怕只是一則「我身上只剩 200 元，要怎樣活到月底？」的求救留言，都成了我動腦思考的新題目，沒想到到後來，「替大家克服困難」成了我興致勃勃、躍躍欲試亟欲挑戰的目標，也成了我生活樂趣的來源。

在把自己當白老鼠的實驗過程中，我發現食物的領域像時尚那樣千變萬化，只要更改一個小環節，例如油炸改為烘烤、或者把胡蘿蔔換成馬鈴薯…就像時尚界牛仔褲有時流行雪花、有時流行刷白一樣，總有意想不到的驚喜。

本書集結了我在「窮留學生懶人食譜」部落格中點閱率超高的食譜，及其他省錢、省力省時的密招，為了嘉惠讀者，我在本書還附上超過 20 道從未曝光的隱藏版食譜，希望讀者們喜歡。最後我要特別說明的是，每個人喜歡的口味各有不同，食譜中的調味料可依各人喜好有所增減，希望大家都能找到最適合自己的懶人料理。

Contents 目錄

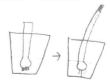

〈編按：本書之物價已力求精確，唯物價波動甚劇，若有誤差，請讀者見諒。本書所使用的微波爐功率為 600W、小匙為 5c.c.、大匙為 15c.c.、一杯為 200c.c.。〉

我 enjoy 省錢過生活
一起加入 943（就是省）的世界吧！

對我來說，寫省錢、懶人料理沒什麼稀奇，就像有人愛把自己買到戰利品放到部落格上一樣，只是別人是花錢，我是省錢！

我的很多朋友對我過的生活很好奇！他們常問我：「943！妳平常就是這樣過生活的嗎？吃的就是這麼簡單嗎？」一直到他們看到我的「一天 100 元省錢日記」，才知道，我過日子的方式，就是這樣省！

很多人好奇，這樣省的過日子，會不會很辛苦？其實不會！我是很 enjoy 這樣的生活。其實省錢過生活，我有 3 個密招心得可以和大家分享，透過這 3 個方法，我想如果你認同的話，也一定會發現：省錢過日子，並不代表窮！

第 1 招 少花一點不會死

最近有本書叫「少做一點不會死」，其實「少花一點錢也不會死」，重點在如何克制物欲。

我們常以為「貴 = 好」，這個觀念常是無法省錢的源頭之一，也因為相信「不付出一定代價就換不到好品質」，自然就忽略許多又便宜又好的選擇，甚至不相信有這種東西存在。但現代人的常識都知道，不是吃貴的食物、吃肉、吃進口的食物才算吃得好，更重要的是吃得健康。

沒錯，有的時候，吃得越貴反而越不健康。

本來想談克制物欲，但其實克制物欲只能治標，943 想了又想，覺得治本的終極做法是「想出不用花大錢的解決方式」，巧妙用少花代價的方式疏導欲望，而非一味克制。因為很多時候，花錢都不是唯一及最好的解決方式，扭轉「我的 xx 煩惱只要買 xx 就能解決」的想法，反而比較能治本。

省錢也是某種程度的財務自主，因為錢要花在真正需要而不是被催眠想要的地

方。943 建議的做法是，當心中熊熊升起購物欲時，不妨先環顧四周，找幾樣當初非常相信只要買下它就可以解決某樣煩惱的東西，現在自己還在使用它嗎？如果有好幾樣這樣的物品，當現在又出現「只要買了 xx 就能解決」的想法時，現在會怎麼想呢？真的需要買嗎？如果考慮了很多天還是覺得很有必要而不是「想要」再買，或是動腦想出不用花錢的 DIY 方式來解決。例如收納盒，與其花錢買，倒不如自己拿紙盒 DIY。

943 去到不少國家時，發現當地女生非常不在意小腹是否突出，小可愛照穿不誤，因為當地的廣告不會嘲笑「小腹婆」。而另一方面，日本女生通常很在意化妝，有些人甚至認為沒有化妝就出門很沒禮貌 ... 很多時候，欲望和需要是被無中生有創造出來的，為了商機，說不定幾十年後會發明一種叫做「洗鞋機」的機器，也許廣告會告訴消費者「沒有天天洗鞋子好髒喔！」、「天天幫寶寶洗鞋子才能保護孩子」，誰知道呢？

第 2 招 省錢是「停止繞遠路」

943 常覺得省錢其實只是「停止繞遠路」、回歸人類正常生活方式而已。
「繞遠路」是怎麼回事呢？比方想用 5 千元買到某個服務，必須先想辦法賺到 5 千元。但如果想辦法用別的方式解決，就不需要花時間去賺那 5 千元，等於是不把自己吃胖再減肥，一來一往可以省下很多時間。例如傳統社會的交換人力方式，甲家收割時鄰居乙家丙家都去幫忙，下次輪到乙家收割，甲家和丙家也一起下田，這樣就可以省下花錢聘工人的費用，而這筆聘雇薪水很可能是得賣掉好幾百公斤穀物才能賺到的，也就是必須多努力數倍才能賺到那筆終究要付給別人的錢。

現代社會由於資本主義掛帥，傾向什麼事情都用錢解決，連原本可以不用金錢搞定的事情，消費主義也為了賣出更多商品以帶來更多收入，而鼓勵消費者什麼東西都買新的。例如鞋子破了不自己補卻再買一雙全新鞋、受潮的鹽罐以前都用炒過的米除濕，現在卻得花錢買「鹽罐專用除濕劑」... 也難怪現代人的收

入雖是幾十年前的數倍，快樂卻是從前的幾分之一。收入總是不夠用，生活壓力越來越大，也因為錢來得很容易，所以幾十年前原本可以不花錢解決的事情，現在通通都得花錢解決，也因此賺錢的壓力變大了，以前 1 萬元就可以過日子還養大一窩小孩，現在因為凡事都得重買新的，物質欲望又被越激越強，以致許多人月入 5 萬卻還是月光族。

經濟不景氣讓人們重新思考消費的意義，未嘗不是上天的禮物。從凡事用錢解決的「繞遠路」，回歸到運用智慧愛物惜物，以便把金錢花在更有用處的地方。943 希望能夠藉著自己的小小經驗拋磚引玉，讓更多人也能開始體會不繞遠路的快樂。

第 3 招 節儉就是一種環保

近年來環保終於漸漸受到重視，943 非常開心，但其實環保本來就不是等到環境被污染才要開始關心的話題，關心環境就是關心健康，就像為人父母子女者關心親人的身體是天經地義的事情。地球日也不是只有 4 月 22 日這天才要做什麼活動，因為地球就是我們唯一的住所啊！

省錢也是，省錢當然不是窮人才省錢，很多富可敵國的企業家也是抱持簡樸的生活態度，例如股神巴菲特、華碩董事長施崇棠等人。畢竟花錢不是花給別人看，花錢不是為了讓別人瞧得起自己，也不是為了不讓別人以為自己不夠有錢或有份量，用錢花錢省錢都是為了踏實地照顧自己「真正」的需求而已。許多有錢人反而極為低調，生活簡單以給下一代建立良好身教。

在 943 看來，省錢是愛物惜物的一環，數千年來祖先傳承下來的生活智慧就是物盡其用，消費主義掛帥則是最近幾十年的事情，所謂的省錢並不是少數人在非常時期不得已時所採取的措施，只不過是回歸到人類身為地球一員，與其他生物及資源和平共處的正常軌道罷了，你說是嗎？

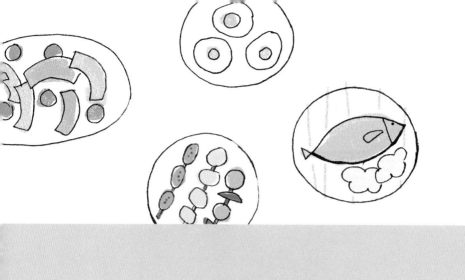

Part1
夠懶、夠快、夠好吃 料理 31 道

做菜真的很難嗎？其實做菜很像變魔術，只要掌握幾個大原則，把食物通通丟進鍋子裡也能變出一桌好料！

就算不喜歡顧爐火，也可以善用「叮！」一聲就 ok 的烤箱和電鍋，把食材放進去之後，只要按下開關，接下來就可以離開廚房去做自己的事情，只要等開關跳起來就好，真是太方便了！

如果連開火都懶，那麼涼拌就是我們的好朋友！把現成食材切一切，醃一下，成功機率超高！

破 24 萬點閱人次

943 自創 肉

☑ 省時
☑ 省力
☑ 省錢
☑ 不沾手
☑ 低油煙
☐ 零失敗
☐ 清冰箱

精打細算指數

食材料金：8 元 / 隻
料理時間：25 分鐘
懶人指數：★★★★★
省錢指數：★★★★★
難易程度：初級

宇宙級懶人料理

免洗免切免沾手免油炸的 香酥雞腿

這款雞腿懶到最高點的精髓在於「用塑膠袋輕鬆裹粉」及「放進烤箱就 ok」，當雞腿從烤箱拿出來時，飄香四溢，香味讓整棟樓的樓友都蠢蠢欲動呢！一入口！哇！又酥又脆又不是油炸！再也不用上速食店買炸雞囉！

器材

烤箱

oven

材料

（3 人份）

雞腿數隻（愛吃幾隻就做幾隻）
炸雞粉或炸排粉乾淨塑膠袋 1 個
錫箔紙

做法

01　雞腿及炸排粉放入乾淨塑膠袋
　　中，輕輕搖晃沾粉，放進冰箱
　　冷藏入味 2 小時內取出，或直
　　接冷凍保存至下次使用。

02　錫箔紙輕輕折成長方體狀，至
　　於烤盤上，雞腿斜放，有肉的
　　部份，置於長方體上方，雞腿
　　骨於下方，以 250℃烤 20 分
　　鐘即可。

貼心 小提醒

01　若買不到炸排粉也可用炸雞
　　粉或「麵包粉＋胡椒粉＋鹽
　　巴搖勻」代替。沒有麵包粉
　　也可以將硬掉的吐司麵包放
　　在乾淨塑膠袋中以重物輕敲
　　成碎屑。

02　雞皮本身就有足夠的油脂可
　　以將雞腿上的沾粉烤得金黃
　　酥脆，和油炸一樣酥脆，低
　　油又好吃。

03　以錫箔紙墊高雞腿，使雞皮
　　不被滴出的油浸濕，就會有
　　酥脆的口感。
　　沾粉的雞腿不可放太久，否
　　則雞皮出水沾濕炸粉，烘烤
　　後只會變白、不會變成金黃
　　色，冷凍雞腿較不易出水。

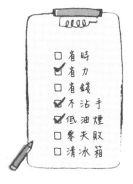

943
自創　肉

□ 省時
☑ 省力
□ 省錢
☑ 不沾手
☑ 低油煙
□ 零失敗
□ 清冰箱

精打細算指數

食材料金：20 元／傳
料理時間：20~25 分鐘
懶人指數：★★★★★
省錢指數：★★★★★
難易程度：新手輕鬆煮

無心插柳發現的美味

超美味的印度坦都里咖哩烤雞腿

有一年 943 去紐西蘭旅行，在印度朋友家作菜時隨手把這印度坦都里咖哩粉撒在烤好的馬鈴薯上，朋友們吃了之後讚不絕口！後來仔細看過包裝才知道這原來是專門用來烤雞腿的印度咖哩粉。後來去印度旅行時，在超市買了一模一樣的粉回來烤雞腿試試，果然一樣美味耶！嘿嘿！這種咖哩粉用來烤馬鈴薯、烤雞腿都超好吃的！趕快去印度食品店買來試看看吧！

器材

烤箱
Oven

材料

(1 人份)

雞腿 2 隻
印度坦都里咖哩粉 (Tandoori
Chicken Masala)
拍碎的蒜頭適量
鹽巴少許
乾淨塑膠袋 1 個
錫箔紙
註：印度坦都里咖哩粉可在各大拍
賣網及印度料理專賣店購得。

garlic
salt

做法

01 塑膠袋中放入坦都里咖哩
粉、蒜頭、鹽巴及雞腿，
均勻搖晃，使雞腿均勻沾
到咖哩粉，在塑膠袋內醃
2 小時。

02 雞腿從塑膠袋中取出，放
在烤架上以攝氏 250℃烤
20 分鐘（冷凍雞腿則需
25 分鐘）即可。

貼心
小提醒

放入烤箱烤時的處理方法，
同「香酥雞腿」（見 P12）
包裝上說要加薑和優格但也
可不放，另外也因沒加紅色
色素，所以 943 烤出來的是
黃色而非紅色的雞腿，但非
常好吃喔！

有媽媽味道的料理

幫肉穿衣服—
一點都不麻煩的蔥爆里肌

這是 943 非常愛吃的菜之一，以前和媽媽學做這樣菜的時候老覺得很麻煩，因為又要敲鬆肉片又要拌太白粉，後來靈機一動，採用之前做香酥雞腿（請見 P12）的「用塑膠袋輕鬆沾粉」妙方，直接將肉片放在買來時的包裝袋裡面輕輕敲鬆和拌粉，做這道菜就超級簡單了。

□ 省時
☑ 省力
□ 省錢
☑ 不沾手
□ 低油煙
□ 零失敗
□ 清冰箱

破 12 萬點閱人次

精打細算指數

食材料金：70 元／份
料理時間：35 分鐘
懶人指數：★★☆☆☆
省錢指數：★★★★☆
烹飪難度：中級

4444 4 4 4

器材

炒鍋

材料

（4 人份）

里肌肉片（厚度約 0.5～1 公分）8 片
蒜頭 3～4 顆、蔥
太白粉少許
醬油 4 匙
糖 1 匙
油 2 匙

貼心
小提醒

做法

01　里肌肉片放入塑膠袋或保鮮膜中以水稍微沖洗，倒出水後，直接以鐵湯匙隔著塑膠袋輕敲每片肉片約 20～30 下使肉質鬆軟（不須取出免得水花四濺）。

02　太白粉加入塑膠袋內，充分沾勻。

03　蒜頭拍碎去皮，青蔥切段，油鍋加入 2 大匙油，以中火熱鍋後爆香蔥蒜，放入肉片翻炒 30 秒使肉片表面變白。

04　鍋中加入醬油及糖繼續翻炒數分鐘，倒入一碗水煮沸，轉小火悶煮 20 分鐘至肉片能以筷子戳穿時即可。

自己種蔥好簡單！

方法 1：
把整顆連根的蔥從根部算起 6 公分處切掉，放入有水的容器中置於室內窗邊有陽光處即可。水不需要多，且每 2 天換水一次即可。

方法 2：
將深度超過 10 公分的容器底部挖一小洞，將只剩蔥白的蔥埋入土中，只剩 1 公分露在土的外面，放在室內光源充足處，每天澆水即可，幾天就能長得好高，很好種哦！

說明：
※ 先使肉變色後，再放調味料，這樣比較不容易變得乾硬
※ 不小心炒太久肉質變硬時，可以切成小丁拌飯，味道有點像火車排骨飯裡面那種先炸後滷的排骨呢！

簡單做年菜

讓你步步高升的**高昇排骨**

有一年過年，因為人在英國，突然好想圍爐！所以就在英國做了一桌子台灣菜！這因為調味料的比例是 1:2:3:4，象徵步步高昇，所以是很吉祥的新春年菜，做法也不難，其實味道和糖醋排骨很像，甜甜的味道應該會很受小朋友歡迎，連我媽媽都直說好吃呢！

破 11 萬點閱人次

☐ 省時
☑ 省力
☐ 省錢
☐ 不沾手
☐ 低油煙
☐ 零失敗
☐ 清冰箱

肉

精打細算指數

食材料金：70 元／份
料理時間：30 分鐘
懶人指數：★★★★☆
省錢指數：★★★★☆
烹飪難度：中級

器材

炒鍋

材料

（4 人份）

豬排骨（肋骨）1 斤
蒜頭 3 瓣
米酒 1 湯匙、醋 2 湯匙、糖 3 湯匙、
醬油 4 湯匙（喝湯的湯匙即可）
水適量

做法

01　蒜頭拍碎去皮，入鍋爆香。

02　放入排骨輕炒使肉表面變白，
　　再加入米酒、醋、糖、醬油略
　　炒 1 分鐘。

03　加水略淹過排骨表面，轉中火
　　煮沸後轉小火，撈去浮沫煮至
　　湯汁快收乾（約 20 分鐘左右）
　　即可。湯汁拌飯超下飯！

我的傢伙　料理用剪刀
透露個小祕密，943 有很多料理
都是用「剪刀」做出來的喔！因為
料理用剪刀方便又安全，不用洗砧
板，也完全不會切到手，像是葉菜
類去除根部、香菇「剪」絲等都比
菜刀更順手，很適合怕切到手的人
喔！

貼心
小提醒

01　如果買的排骨較肥，就不需
　　放油，原本 943 做這料理
　　也是乖乖的放炒菜油進鍋爆
　　香，後來發現加上排骨本身
　　的肥肉煮到最後會出很多很
　　多油，拌飯不好吃，所以就
　　先把肥肉用廚房用剪刀剪下
　　來炒出薄薄的油爆香，可以
　　少吃很多油啦！不喜歡吃太
　　甜的朋友可以少放一點糖，
　　喜歡味道重一點的也可以多
　　一匙醬油。有創意一點也可
　　以加可樂作成可樂排骨喔！

02　在國外買到的豬肉，因為歐
　　美的豬肉沒閹也沒放血所以
　　騷味超重，儘量撈掉浮沫才
　　不會有怪味。

療癒鄉愁的好菜

美味不打折簡易三杯雞

943 第一次做三杯雞就是在國外，因為思鄉情切，所以特別喜歡挑重口味的來作，誰叫三杯雞真是色香味都很優的一道菜呢！三杯雞可不只可以安慰自己的胃，在國外想用食物做國民外交，三杯雞可是很受歡迎的菜色呢！有了這一味，不但可以拉近與外國朋友的距離，還可以聊慰思鄉之情，超愛三杯雞的啦！

近 20 萬點閱人次

☑ 省時
☐ 省力
☐ 省錢
☐ 不沾手
☐ 低油煙
☐ 零失敗
☐ 清冰箱

精打細算指數

食材料金：50 元／份
料理時間：30 分鐘
懶人指數：★★★☆☆
省錢指數：★★★☆☆
烹飪難度：中級

肉

器材

炒鍋

micyowave

微波爐

材料
（4 人份）

切好塊的雞肉半隻或 1/4 隻
老薑（約巴掌大）1 塊
蒜 5 ～ 10 瓣
辣椒 1 支
糖 2 匙
香油 3 大匙
醬油 1/3 杯
米酒或白酒 1/3 杯
九層塔少許

做法

炒菜鍋版

01 蒜、老薑拍碎（薑用刀切味道會出不來）備用，以香油熱鍋後依序將薑、蒜、辣椒爆香。

02 加入雞肉塊翻炒，放入糖、醬油、米酒，大火燒 2 分鐘後，以小火悶煮約 10 分鐘至水分收乾，起鍋前加入九層塔或羅勒略炒一下即可，起鍋前，可以把九層塔或羅勒挑掉。

微波爐版

01 蒜、老薑拍碎（薑用刀切味道出不來），連同辣椒、麻油放在盤中微波 3 分鐘爆香。

02 放入雞肉、糖、醬油、米酒拌勻，不加蓋以大火微波約 15 分鐘。取出後加入九層塔或羅勒拌勻，起鍋前，可以把九層塔或羅勒挑掉。

貼心小提醒

01 放入九層塔前可先用筷子戳戳看肉熟了沒，如果水分已收乾但雞肉還沒熟，可加約 1/3 杯水再煮至收乾為止。

02 湯汁不需要收到完全乾掉，拿來拌飯很美味喔！把薑拍碎就是把菜刀當成桌球拍，把砧板上的薑當球那樣拍扁拍碎，用拍的就不需要慢慢切，而且薑碰到金屬味道會被封住，所以用拍比用切的省事。

03 在國外買不到九層塔可用羅勒代替。相同的做法還可以做三杯中卷喔！

□ 省時
☑ 省力
□ 省錢
□ 不沾手
☑ 低油煙
□ 零失敗
□ 清冰箱

精打細算指數

食材料金：50 元／份
料理時間：10 分鐘以上
懶人指數：★★★★☆
省錢指數：★★★☆☆
烹飪難度：初級

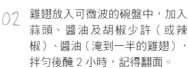

新手也能做宴客菜

吮指回味樂無窮──冰糖蒜翅

蒜頭經由微波會有一種有別於鍋子燒或烤箱烤的香味，滿誘人的，而
冰糖融化後會讓雞翅表面看起來晶晶亮亮的，很適合那種一人出一菜
的聚會派對，色香味俱全！

材料
（1人份）

雞翅數隻（如有殘留雞毛記得拔乾淨）
冰糖（稍微覆蓋雞翅表面即可）
醬油（以淹到一半雞翅為準）

拍碎的蒜頭 4 ～ 5 瓣
胡椒少許或辣椒 1 隻
裝飾用蔬菜適量

器材

做法

貼心
小提醒

micrówave 微波爐

01　蒜頭拍碎，辣椒切段備用。

02　雞翅放入可微波的碗盤中，加入
　　蒜頭、醬油及胡椒少許（或辣
　　椒）、醬油（淹到一半的雞翅），
　　拌勻後醃 2 小時，記得翻面。

03　冰糖撒在雞翅上，稍微覆蓋表面
　　即可，蓋子蓋好（一定要蓋，不
　　然雞翅太乾），以大火微波 5 ～
　　6 分鐘即可。

建議在國外一定要用台
灣、日本或韓國的醬
油，其他國家生產的生
抽醬油、老抽醬油，多
半滷起來不夠香也不入
味。所以還是愛用國貨
的好！

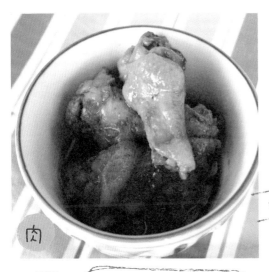

肉

☑ 省時
☑ 省力
☑ 省錢
☐ 不沾手
☑ 低油煙
☑ 零失敗
☐ 清冰箱

精打細算指數

食材料金：60 元 / 份
料理時間：30 分鐘
懶人指數：★★★☆☆
省錢指數：★★☆☆☆
烹飪難度：中級

外國人也很愛的台灣菜

大受好評的紅燒雞

紅燒雞是 943 旅行借宿在外國人家時常做的回饋，這道菜其實並不難，甜甜的，老少咸宜。訣竅是一定要先將肉炒到變色，將肉汁封住，煮好的雞肉才會入味且不會乾乾柴柴的。用這道菜不但可以餵飽自己，還可以做國民外交呢！

材料
（2 人份）

雞腿 1 斤
油少許
蒜頭數瓣

醬油 5 大匙
砂糖 2 ～ 3 小匙
鹽少許

器材

炒鍋

做法

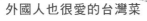

01　蒜頭拍碎去皮備用。雞腿洗淨瀝乾。

02　炒鍋燒熱，倒入油，加入蒜頭爆香，在蒜頭燒焦前，加入雞腿翻炒至肉色變微黃。

03　倒入醬油、砂糖、鹽翻炒一會兒，加水淹過雞腿，開大火煮滾後，轉小火慢煮至收汁，中間開蓋稍微翻面即可。

貼心小提醒

到傳統市場買的雞肉比超市新鮮，雞肉不耐放，最好當天烹煮後冷藏，才會好吃喔！

意想不到的美味

沒氣可樂煮可樂里肌

看電視節目介紹可樂豬腳，心想也許拿來煮里肌肉片也不錯呢！沒想到一上菜就被吃光光了！目前已試過有可樂滷豬肉、可樂雞翅、可樂雞腿、可樂排骨，評價都很不錯。

可樂氣泡中的二氧化碳具有軟化肉質的效果，煮里肌肉時加一點可樂代替糖，非常下飯又好吃，很多人買大瓶的可樂常常喝不完，氣泡跑掉不好喝，沒氣的可樂可先別倒掉，喝剩的可樂還能拿來做菜呢！別浪費囉！只要多多練習，就可以變成拿手菜呢！

□ 省 時
□ 省 力
☑ 省 錢
□ 不 沾 手
□ 低 油 煙
□ 零 失 敗
☑ 清 冰 箱

精打細算指數

精打細算指數
食材料金：50 元／份
料理時間：30 分鐘
懶人指數：★★☆☆☆
省錢指數：★★★☆☆
烹飪難度：中級

肉

器材

炒鍋

材料

（4 人份）

里肌肉半斤
油少許
薑數片
醬油 2 湯匙
原味可口可樂約半罐（需用原味，
用健怡口味煮會酸）

做法

01　里肌肉每條切 3 段

02　熱油鍋，倒入油，加入薑數片
　　爆香，放入里肌肉、醬油 2 湯
　　匙以中火翻炒。

03　倒入半罐可樂，轉小火慢燒至
　　湯汁快收乾即可，湯汁拌飯超
　　好吃喔！

小火

貼心小提醒

01　可樂拿來作肉類料理很適
　　合，吃起來甜甜的，而且
　　有軟化肉質的功能，味道
　　不輸糖醋排骨。可樂和薑
　　的味道比較搭，可別拿蔥
　　來爆香，蔥在這道料理上，
　　只能拿來當點綴的裝飾品。

02　這道菜也可以和蔬菜一起
　　煮，不過加了蔬菜比較不
　　耐放，只能在冰箱存放 3
　　天左右，整鍋燉肉大概可
　　以放將近一星期。建議先
　　煮好肉，將一部份的肉取
　　出另外冰存，剩下的加入
　　蔬菜，就可以魚與熊掌兼
　　得了。

鮮美多汁的下飯菜

搶翻天的三杯蟹腳油豆腐

三杯蟹腳是熱炒店中很受歡迎的一道菜，有天冰箱只剩下蟹腳和油豆腐，943 忽然想試試讓油豆腐吸收鮮美的炒蟹腳湯汁，於是做了這道「三杯蟹腳油豆腐」，還因為湯汁太好吃而不小心被油豆腐燙了嘴呢！

☐ 省時
☑ 省力
☐ 省錢
☐ 不沾手
☐ 低油煙
☐ 零失敗
☐ 清冰箱

精打細算指數

食材料金：60 元 / 份
料理時間：30 分鐘
懶人指數：★★☆☆☆
省錢指數：★★☆☆☆
烹飪難度：中級

肉

器材

炒鍋

材料

（4 人份）

去殼蟹腳半碗
油豆腐 5 ～ 7 個
薑數片
糖 2 匙
香油 3 大匙
醬油 1/3 杯
米酒或白酒 1/3 杯
九層塔適量

做法

01 蒜去皮拍碎備用。以香油熱鍋後爆香薑片，再爆香蒜頭。

02 蟹腳加入炒鍋中，放入糖、醬油、米酒，翻炒入味後撈起備用。放入油豆腐大火燒 2 分鐘後，以小火燜煮約 10 分鐘至水分收乾，起鍋前加入蟹腳、九層塔或羅勒略炒一下即可，起鍋前，可以把九層塔或羅勒挑掉。

蟹腳

貼心
小提醒

蟹腳久煮易「柴」，油豆腐又需要久煮吸收湯汁，因此先將蟹腳的鮮美煮出湯汁後再加入油豆腐，吸飽海鮮湯汁的油豆腐非常好吃呢！

懷念家鄉味

香噴噴的香菇肉燥

943 在英國留學時，最常做的料理之一就是這味令人魂牽夢縈的台式香菇肉燥，不但家鄉味十足，而且一次可以吃到多種蔬菜，有時我會順便滷蛋，煮一鍋就可以吃好幾天，微波一下拌個飯就可以開動了，真是方便的人間美味！

這道菜最重要的是油蔥酥、油蒜酥，五香粉也別忘了加，加上花瓜罐頭作成瓜仔肉飯也很不錯！很適合窮人和懶人的台式家鄉小吃！

近 17 萬點閱人次

☐ 省時
☐ 省力
☑ 省錢
☐ 不沾手
☐ 低油煙
☐ 零失敗
☐ 清冰箱

精打細算指數

食材料金：100 元／6 人
料理時間：50 分鐘
懶人指數：★★☆☆☆
省錢指數：★★★☆☆
烹飪難度：中級

肉

器材

炒鍋

材料

（6 人份）

豬絞肉 1 斤（在國外請用牛絞肉代替，
否則豬肉很腥）
蒜頭 10 瓣
油蔥酥 1 大匙
蝦米 10 個
香菇 3 朵
紅蘿蔔 1 條
馬鈴薯 1 個
醬油半杯
糖 3 小匙
鹽少許

pig

garlic

potato

carrot

shelled
dried
shrimp

做法

01 絞肉退冰，香菇、蝦米泡軟，蒜頭去皮切碎，紅蘿蔔及馬鈴薯去皮切丁備用。

02 炒鍋燒熱後，先取少許絞肉下鍋慢慢釋出油脂，依序放入香菇、蝦米、蒜頭爆香。放入所有碎肉炒至變色為止。

03 加入油蔥酥、糖、醬油、紅蘿蔔、馬鈴薯拌炒，加水蓋過所有炒料，開大火煮滾後轉小火慢慢收乾，留意別燒焦。

貼心小提醒

01 肉燥冰在冰箱以後油脂會浮起來在表面結成白白的固體油脂，把這些油脂挖起來炒菜很香喔！不但可以節省炒菜油，肉燥也比較不油膩呢。

02 歐美地區的豬因為沒閹也沒放血所以很腥，即使川燙也還是有一股味道，所以我從來不吃英國豬絞肉，都是用牛絞肉＋洋蔥代替，味道很不錯。

肉

☐ 省時
☑ 省力
☐ 省錢
☐ 不沾手
☑ 低油煙
☐ 零失敗
☐ 清冰箱

精打細算指數

食材料金： 100 元 / 份
所要時間： 1 小時
懶人指數：★★☆☆☆
省錢指數：★★★★☆
烹飪難度：初級

讓魚肉變好吃的祕技！

讓你多吃一碗飯酸梅蒸魚

隱藏版

這招是 943 的媽媽想出來的，一嘗之下真是驚豔呀！酸梅的酸甜能讓
清蒸魚肉變得好好吃呢！

材料
（1 人份）

午魚或其他適合清蒸的魚類
薑半條
米酒約 10c.c.
酸梅 4 ～ 6 顆
鹽適量

貼心
小提醒

器材

電鍋

做法

01 將魚洗淨去腸去鱗，兩面各斜
切兩刀，魚身抹上薄薄一層鹽。

02 薑切片鋪在魚身兩側，淋米酒
去腥，將酸梅肉撥開均勻鋪在
魚上，靜置半小時入味。

03 將魚放入電鍋中蒸 20 分鐘，外
鍋放一杯水即可。

酸梅肉最好撥得開一
些，越多酸梅接觸到魚
肉就越入味喔！

精打細算指數

食材料金：70 元／份
所要時間：20 分鐘
懶人指數：★★★☆☆
省錢指數：★★★★★
烹飪難度：中級

肉

炒一炒就有好味道

現學現煮的 **糖醋蝦仁**

隱藏版

其實糖醋一點也不難，只要把調味料通通加進去就 OK。尤其蝦仁不像雞肉、豬肉需要先翻炒以封住肉汁，只要一直翻炒就差不多了，做糖醋先從蝦仁開始嘗試看看吧！

材料 （1 人份）

蝦仁 1 盒
薑片數片
調味料：醬油 4 小匙、白醋 1 小匙、糖 2 小匙、白酒 1 小匙
清水半碗

貼心
小提醒

器材

炒鍋

做法

01　蝦仁挑沙備用。

02　起油鍋，將薑片爆香後，放入蝦仁、調味料、清水翻炒數分鐘收汁即可。

大賣場或超市買的蝦仁，新鮮度已不適合清蒸或做沙拉，因此炒成糖醋還滿適合的。

943
自創　肉

精打細算指數

食材料金：65 元／2 人份
所需時間：25 分鐘
懶人指數：★★★★★
省錢指數：★★★★☆
烹飪難度：初級

吃起來有養樂多味道的雞塊！

另類口感──養樂多雞塊

隱藏版

不知道為什麼，有一天 943 腦中忽然一直出現「養樂多＋雞塊」這個念頭，原本只是想實驗「養樂多＋雞塊＝糖醋里肌？」這個想法，沒想到做出有養樂多味道的雞塊，有興趣不妨自己動手試試看吧！

材料
（2 人份）

冷凍雞塊 10 個
養樂多一瓶
蕃茄醬或芥末醬適量

器材

微波爐

做法

01　冷凍雞塊置入可微波的大碗中，不需解凍直接將養樂多倒入，靜置 20 分鐘，讓雞塊直接吸收養樂多。

02　加蓋微波雞塊 2 分鐘即可。

貼心小提醒

微波是懶人版的，如果有雞胸肉，也可以放入養樂多中醃 20 ～ 30 分鐘，加醬油滷會有一點糖醋里肌的感覺喔！

□ 省時
☑ 省力
☑ 省錢
□ 不沾手
☑ 低油煙
☑ 零失敗
□ 清冰箱

精打細算指數

食材料金：10 元 / 份
所要時間：30 分鐘
懶人指數：★ ★ ★ ★ ★
省錢指數：★ ★ ★ ★ ★
烹飪難度：新手輕鬆煮

943
自創

蛋

我懶所以我自創！

超簡單的美味泰式涼拌蛋

這是 943 最常做的自創料理之一！有一天不小心多煮了幾顆白煮蛋，又不想老是吃滷蛋，看到桌上的這罐泰式甜雞醬，靈機一動，拿它來當淋醬用！果然不是普通的美味呀！自創新吃法大成功！冰箱有什麼多餘的醬料，勇於嘗試說不定會有新靈感呢！

材料
（1 人份）

白煮蛋數個
泰式甜雞醬適量

貼心
小提醒

器材

電鍋

做法

01 煮飯前將蛋洗淨，放在米上按正常煮飯程序順便煮熟（以筷子做簡易蒸架請見 P61）。起鍋後浸泡冷水 3 分鐘後剝殼。

02 將蛋切成 1/4 大小，泰式甜雞醬用淋或用沾的都可立即食用。

01 泰式甜雞醬拿來沾卷餅（像墨西哥卷那樣）、炸物或蔬果都不錯。

02 若是加上超商或大賣場裡的蒟蒻麵，就是度夏天的超級好料——泰式蒟蒻涼麵，而拿來涼拌敏豆也很好吃喇！

用冰箱也能做滷蛋！

超摳門！免開瓦斯煮滷蛋的秘密

943 玩「一鍋三菜」玩出興趣來後，偶然發現做滷蛋根本不必花水電費！這招摳門滷蛋可是融合了三種省錢妙招喔！
首先是用電鍋煮飯時，「順便」搭便車煮白煮蛋；第二，白煮蛋放入醬油中浸泡，即可上色，不需開火滷；第三，白煮蛋放入塑膠袋內浸泡醬油，可塑性極佳的塑膠袋能夠擴大白煮蛋受浸泡的面積，只要一點點醬油就能接觸整顆蛋，蛋白超 Q，很好吃喔！
超摳門的滷蛋法！讓你省水、省電又省醬油哦！

- ☐ 省時
- ☑ 省力
- ☑ 省錢
- ☐ 不沾手
- ☑ 低油煙
- ☑ 零失敗
- ☐ 清冰箱

943
自創   蛋

精打細算指數
食材料金：4元／個
料理時間：2天以上
懶人指數：★★★★★
省錢指數：★★★★★
烹飪難度：新手輕鬆煮

器材

←……… 電鍋

材料

(1 人份)

雞蛋 2 ～ 3 個
醬油少許
開水少許

貼心
小提醒

做法

01 煮飯時在白米上放入雞蛋，照正常程序及水量煮飯，利用煮飯的熱氣順便把蛋煮熟（以筷子做簡易蒸架的方式請見 P61）。

02 煮好後浸泡冷水兩分鐘方便剝殼，將水煮蛋、醬油與開水 1：1 放入乾淨的塑膠袋內，醬油淹過蛋的一半，待涼放入冰箱浸泡一、兩天入味。

Soy Sauce & water
1：1

01 搭便車煮白煮蛋時別一次放太多顆，也請別中途打開電鍋鍋蓋，否則飯會煮不熟喔！

02 將放入白煮蛋和醬油的塑膠袋以塑膠繩封緊，「吊」在冰箱裡，就能確保塑膠袋的形狀不壓扁、使醬油完整覆蓋整顆蛋，這樣就不必打開冰箱翻面囉！這方法「滷」出的蛋特別 Q，由於冷藏會讓蛋白中的水分漸漸消失，因此蛋白會越冰越有嚼勁，口感類似鐵蛋呢！但別泡太久，以免過鹹。

03 浸泡完滷蛋的醬汁也不要倒掉了，可以拿來醃和風涼拌洋蔥，或拿來煮冰糖蒜翅都可以。

04 「浸泡法做滷蛋」943 試過很多不同的醬油，包括：一般醬油、可樂加醬油、鰹魚醬油、鰹魚醬油加芥末，味道都很不錯，而且很入味呢！泡完水煮蛋的醬油也可以拿去煮湯，完全不浪費喔！能省一定要省，才符合 943「就是省」的精神！

□ 省時
☑ 省力
☑ 省錢
□ 不沾手
□ 低油煙
□ 零失敗
□ 清冰箱

精打細算指數

食材料金：6 元／份
料理時間：10 分鐘
懶人指數：★★★★★
省錢指數：★★★★★
烹飪難度：中級

943
自創
蛋

免費食材超省錢

高纖低熱量—豆渣炒蛋

豆渣是增加食物份量很好的東西，因為是不用錢的材料，只要向熟識的豆腐攤索取即可，943 很喜歡將豆渣加到日常料理裡面。像這道豆渣炒蛋，只要用兩顆蛋就能做出四餐份的「炒蛋」，實在很省錢啊！

材料
（1 人份）

蘿蔔乾 3 條
雞蛋 2 個
豆渣（份量約 3 ～ 4 個雞蛋大小）
鹽少許
炒菜油
蔥末少許

**貼心
小提醒**

蛋液也可以加入少許清水攪勻（不超過 1/4），這樣可增加一點份量。

器材

炒鍋

做法

01　蘿蔔乾以料理剪刀剪成丁，豆渣拌入少許鹽巴，雞蛋打散備用。

02　炒鍋中倒入油，油熱後加入蘿蔔乾、豆渣、蛋液炒熟即可。

豆渣是好物
豆渣該如何取得呢？其實向熟識的豆腐店索取就可以了。最早 943 是問豆腐店老闆豆渣多少錢，結果好心的老闆說不用錢，只要在上市場的前一天打電話預約，就會請工廠師傅在隔天早上把豆渣包好。記得要了，就一定要去拿喲！

蛋

精打細算指數

食材料金：6 元／份
料理時間：10 分鐘
懶人指數：★★★★★
省錢指數：★★★★★
烹飪難度：中級

現成湯包做好菜

懷念的好味道——紫菜湯蒸蛋

這道菜是 943 大學時代就學會的超級懶人菜，只要有微波爐就可以煮了，沒有廚房也無所謂。用味王紫菜湯做蒸蛋還會有四四方方的小塊紫菜浮在蒸蛋上，許多同學吃過之後，都大呼這道菜美觀又好吃呢！

材料
（2人份）

味王紫菜湯或其他即食湯包 1 包
蛋 1～2 顆
水（加水量依湯包標示而定）

貼心
小提醒

器材

電鍋

做法

01　蛋放入大碗中，打散後依序加入熱水、即食湯包充份攪勻，以湯匙將泡沫擠破，加入半杯～1 杯水備用。（以免蒸後出現泡泡）

02　電鍋外鍋加 1 杯水，將大碗放入蒸，至電鍋開關跳起來即可。

01　用電鍋蒸時將鍋蓋留一小縫隙讓熱散出，這樣蒸出來的蛋才不會因為過熱而產生一堆凹凸不平的泡泡。

02　建議用大一點的碗，加水加蛋後不超過八分滿，否則蛋液受熱膨脹很容易溢出！

03　市售湯包通常味精不少，請勿天天食用。

□ 省時
☑ 省力
☑ 省錢
□ 不沾手
□ 低油煙
☑ 零失敗
□ 清冰箱

精打細算指數

食材料金：15 元 / 份
所需時間：20 分鐘
懶人指數：★★★★★
省錢指數：★★★★☆
烹飪難度：初級

943
自創

豆

免開火！用冰箱也能煮菜！

不用開火煮就能入味的麵輪 隱藏版

943 很喜歡煮麵輪，因為麵輪是非常經典的懶人菜——只要把乾麵輪丟到湯裡再放回冰箱，過兩天麵輪吸收了湯汁就可以吃了，帶便當也很方便，真是宇宙無敵懶的好食材啊！

材料（2 人份）

麵輪數個
現成的湯（蘿蔔湯、雞湯、紫菜湯）
蒜頭
水

器材

貼心
小提醒

電鍋

做法

乾麵輪丟入湯汁中，放入冰箱冷藏入味 2 天。再稍微用電鍋加熱一下就可以吃囉！

要使麵輪入味，不需要放在瓦斯爐上滷啊滷的，只要丟入湯汁慢慢吸收，可以省下不少燃料費呢！不只是紅燒湯汁，一般的雞湯、蔬菜湯等，也可以用這個方法加料喔！

□ 省時
☑ 省力
☑ 省錢
□ 不沾手
□ 低油煙
□ 零失敗
□ 清冰箱

精打細算指數

食材料金：10 元 / 份
所要時間：20 分鐘
懶人指數：★★★☆☆
省錢指數：★★★★★
烹飪難度：中級

週一無肉日也要很營養

口味百變的 紅燒油豆腐

在台灣豆腐賣得非常便宜，油豆腐吸收了紅燒湯汁會非常美味，想省錢的話很值得常做來吃。吃膩了紅燒想換換口味時，有個方法很簡單，就是將原來那鍋紅燒加上一點醋，就變成糖醋口味囉！

材料
（1 人份）

油豆腐 8 塊
醬油 3 大匙（喝湯用的湯匙）
砂糖 2 茶匙
清水 1 碗

器材

做法

貼心
小提醒

鍋中倒入油（油約平常炒菜的一半），以中火熱油鍋，依序放入油豆腐、醬油、糖煮沸，加入清水以小火慢煮至湯汁幾乎收乾即可。

「換湯不換藥」是做菜變花樣時的大原則，喜歡吃紅燒雞的朋友，把雞肉換成豬肉、豆腐等食材，就能輕鬆變出一道料理啦！也可以自行加入紅蘿蔔片、青江菜、豆莢、小玉米等蔬菜。

炒鍋

☐ 省時
☑ 省力
☑ 省錢
☐ 不沾手
☐ 低油煙
☐ 零失敗
☐ 清冰箱

精打細算指數

食材料金：30 元 / 份
所需時間：30 分鐘
懶人指數：★★★☆☆
省錢指數：★★★★☆
烹飪難度：中級

943
自創

大人小孩都愛吃

素菜新吃法——可樂燒油豆腐

可樂既然被 943 拿來滷可樂雞腿、可樂排骨、可樂豬腳，當然不能錯過素菜界的主角—油豆腐！尤其油豆腐吸收紅燒的湯汁後非常好吃。做法和紅燒油豆腐類似，非常簡單。用電磁爐、電鍋也都可以做。油豆腐也能 72 變喔！

材料（1 人份）

油豆腐 8 塊
醬油 3 大匙（喝湯用的湯匙）
糖 2 茶匙

清水 1 碗
切片的薑
原味可樂半罐

器材

炒鍋

做法

炒鍋中倒入油（油約平常炒菜的一半），以中火熱油鍋，放入油豆腐、醬油、糖煮沸，加入清水、可樂、薑片以小火慢煮至湯汁收乾即可。

貼心小提醒

可樂入菜配薑會比配蔥蒜好吃很多，湯汁不要全收乾，拌飯很棒。

冷盤

□ 省時
☑ 省力
☑ 省錢
□ 不沾手
☑ 低油煙
□ 零失敗
□ 清冰箱

精打細算指數

食材料金：10 元／份
所需時間：2 小時
懶人指數：★★★★☆
省錢指數：★★★★★
烹飪難度：初級

簡單到不行的小菜

和風美味在我家─涼拌洋蔥絲 隱藏版

這道菜純粹是因為 943 家裡冰箱洋蔥總是多到吃不完，既不想老是做洋蔥炒蛋，又不想炒洋蔥炒到手痠，索性拿來作涼拌所做出的料理，其實洋蔥涼拌也非常好吃喔！

材料
（1 人份）

洋蔥半個
和風醬油 100c.c.
白醋 1 小匙

貼心
小提醒

做法

01　洋蔥去皮切半、切絲，靜置於清水中約一小時去除辛辣味。

02　洋蔥絲取出，加入和風醬油中，置入冰箱入味一天即可食用。

對準洋蔥頭切一半，再切片狀就可以了。洋蔥本身多層的紋路自然會讓切好的洋蔥片分開為洋蔥絲。夏日炎炎不想走到戶外買便當時，在辦公室也可以做喔！沒有菜刀和砧板沒關係，用水果刀和大盤子也是可以將就搞定的。

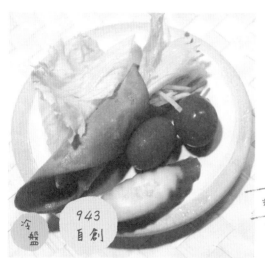

☑ 省時
☑ 省力
☐ 省錢
☐ 不沾手
☑ 低油煙
☑ 零失敗
☑ 清冰箱

943
自創

冷盤

精打細算指數

食材料金：15 元 / 份
料理時間：1 分鐘.
懶人指數：★ ★ ★ ★ ☆
省錢指數：★ ★ ★ ★ ☆
烹飪難度：初級

想失敗也難的新手宴客料理

1 分鐘超神速火腿生菜卷

冷盤永遠是趕時間料理中最棒的救兵啦！只要選幾樣有鮮豔顏色的新鮮食材，捲個幾捲在盤中排成一圈就超美的，簡單快速又美觀，這一道不丟臉的料理，果然是在聚餐中最快被解決的一道！

材料
（1人份）

火腿片 1 片
羅蔓生菜及其他蔬果
牙籤

**貼心
小提醒**

做法

01 生菜洗淨，瀝乾備用。

toothpick

02 火腿片包住生菜，以牙籤固定，就成了顏色鮮豔的小菜。

這種顏色鮮豔的食物最適合做派對的小點心了，火腿的紅色配上生菜的鮮綠，簡單用竹籤串在一起，就成了開胃的小菜了，新手也能帶菜參加 Party ！

☑ 省時
☑ 省力
☑ 省錢
☐ 不沾手
☑ 低油煙
☑ 零失敗
☐ 清冰箱

精打細算指數

食材料金：10 元／份
所要時間：2 小時
懶人指數：★★★★☆
省錢指數：★★★★★
烹飪難度：中級

甜到心裡的夏日必備涼拌菜

涼拌甜心小黃瓜

這道菜是我大表哥非常愛吃的菜，常常請我阿姨做一大盆放在冰箱裡慢慢吃。嚐過一次的我也請阿姨教我做了這道簡單又美味的方便小菜。這道涼拌小黃瓜與一般酸辣小黃瓜不同，是走甜美路線的甜心小黃瓜，試試看，很好吃呢！

材料
（4 人份）

小黃瓜 2 條
細冰糖 2 大匙（喝湯的湯匙，冰糖優於砂糖）
鹽半小匙

**貼心
小提醒**

做法

01 小黃瓜切丁撒鹽，靜置半小時後倒掉水份，撒糖靜置。

02 小黃瓜出水後，水不要倒掉，攪拌並置入冰箱冷藏 6 小時入味即可。

糖的份量可依個人喜好增減，喜歡醋的人，還可以加上一點梅子醋，味道更特殊，除了醋以外，用酸梅也能醃小黃瓜喔！
這是 943 向媽媽學到的方法，簡單又好吃。

吮指回味樂無窮

口感豐富的烤雞沙拉

隱藏版

沒時間上菜市場嗎?沒關係!超商或大賣場裡的各式食物也能輕鬆入菜!可微波的烤雞翅直接作成沙拉還滿吸引人的,無論是什麼口味的烤雞翅都能與沙拉搭配。烤雞翅搭配沙拉,也較健康,同時也較不膩口,不論是當宴客菜,或是下午茶的點心,都是不錯的選擇,特別是拿去參加 Party,也很有面子呢!

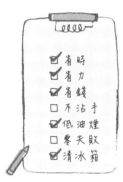

☑ 省時
☑ 省力
☑ 省錢
☐ 不沾手
☑ 低油煙
☐ 零失敗
☑ 清冰箱

冷盤

精打細算指數

食材料金:50 元 / 份
所要時間:10 分鐘
懶人指數:★★★★☆
省錢指數:★★★☆☆
烹飪難度:初級

器材

micYowaVe

← 微波爐

材料

（2 人份）

超商或大賣場買的烤雞翅 1 份
火腿片 1 片
生菜 適量
黃椒 半個
紅椒 半個
沙拉醬 適量

做法

01　依包裝方式微波烤雞翅。

02　生菜洗淨瀝乾，黃、紅椒洗淨切
　　段，火腿切段備用。

03　生菜、紅黃椒、火腿依續放入盤
　　中，將熱好的雞翅置於盤中，淋
　　上沙拉醬即可。

貼心 小提醒

01　超商或大賣場賣的現成的雞
　　塊及烤雞翅吃膩了嗎？加一
　　些蔬菜就能變化出一道沙拉
　　來，很簡單也不容易失敗。很
　　適合做快手宴客料理。

02　把烤雞翅換成科學麵，也是很
　　特別的嘗試！就像是沙拉裡
　　常用的麵包丁。科學麵比麵包
　　丁容易取得，也是讓沙拉擁有
　　酥脆口感的關鍵，不需要撒調
　　味粉，直接捏碎拌入沙拉中就
　　可以了。

03　想要變換不同口味，也可以來
　　點輕爽低卡的蒟蒻絲，蒟蒻絲
　　洗淨，拌上泰國甜雞醬，加在
　　沙拉上，就有意想不到的好滋
　　味！

冷盤

精打細算指數

食材料金：40 元／份
所需時間：10 分鐘
懶人指數：★★★★☆
省錢指數：★★★★☆
烹飪難度：初級

最健康的沙拉醬

低卡水果優格沙拉

隱藏版

有時沙拉醬太油膩，這時以優格代替沙拉醬就是
很清爽的選擇，既低卡又營養囉！

材料
（1 人份）

水果數種
市售優格約 50c.c.

做法

水果洗淨去皮切丁，淋上
市售優格做沙拉醬即可。

yogurt

貼心
小提醒

小蕃茄、香蕉這些水果和
優格特別速配，搭在一起
味道很好。

☑ 省時
☐ 省力
☐ 省錢
☐ 不沾手
☑ 低油煙
☐ 零失敗
☑ 清冰箱

精打細算指數

食材料金：15 元／份
所要時間：15 分鐘
懶人指數：★★★☆☆
省錢指數：★★★★☆
烹飪難度：初級

拌一拌就有好味道

北方口味 涼拌大白菜

隱藏版

北方館子都有這道簡單又可口的免開火小菜，只要把食材準備好，拌一拌，沒想到大白菜生吃也好好吃呢！

材料
（1人份）

大白菜數瓣（約半盤的份量）
香菜少許
滷豆干 2 大塊
花生米
蕃茄等其他適合生吃的蔬菜

醋 1 小匙
糖 3 小匙
香油 1 小匙
醬油膏或滷豆干的濃汁

做法

貼心
小提醒

01　將大白菜洗淨瀝乾切絲，豆干切片或切絲。

02　豆干加入醋、糖、香油、醬油膏拌勻，放入大白菜絲拌勻即可。

大白菜不需撒鹽出水，切一切拌一拌就好好吃。糖與醋可依自己的喜好增減，愛吃辣的話，加少許辣油也可以。

✔ 省時
✔ 省力
✔ 省錢
☐ 不沾手
✔ 低油煙
✔ 餐夾取
✔ 清冰箱

精打細算指數

食材料金：10 元／份
料理時間：10 分鐘
懶人指數：★★★★☆
省錢指數：★★★★★
烹飪難度：中級

經典小菜自己做

清爽過一夏—涼拌干絲

這是一道簡單到不行的小菜，只要快速燙一下就好，簡單又好吃。煮干絲後趁水溫還在馬上燙地瓜葉，再加上微波熱菜，總共不到 10 分鐘就能開飯囉！

材料
（4 人份）

干絲 1 盤　　　紅蘿蔔少許
香油少許　　　小蘇打 1 小匙
糖少許　　　　海帶少許
鹽少許

小蘇打
I spoon

器材

做法

湯鍋

01　紅蘿蔔切絲備用。

02　湯鍋煮一鍋熱水，加入一小匙小蘇打粉，放入
　　干絲及海帶一起煮，不要超過一分鐘，撈起後
　　稍微沖水洗掉鹼味。

03　干絲放入大碗中，淋上香油、糖和鹽，加入紅
　　蘿蔔絲拌勻即可。

☐ 省時
☑ 省力
☐ 省錢
☐ 不沾手
☑ 低油煙
☐ 零失敗
☐ 清冰箱

精打細算指數

所要時間：5 分鐘
懶人指數：★★★★☆
省錢指數：★★★★☆
烹飪難度：初級

菜

嫌燙青菜不夠懶？烤蔬菜最省力！

懶人起司烤烤樂

隱藏版

943 認為烤箱是非常省力的廚具，因為只要把食物放進去，設定時間，再來只要等「叮！」就大功告成啦！馬鈴薯加起司真是絕配，尤其是微波 30 秒之後融化的芝司樂起司片，再加上自己加的調味料，滋味真是很不錯呢！

材料
（1 人份）

根莖類蔬果 1 個（馬鈴薯、南瓜等）
起司片 1 片

器材

微波爐

烤箱

做法

01 根莖類蔬果洗淨，不需去皮，整顆劃十字或切丁，切到底但不切斷，用手輕輕剝開，置於耐熱大碗中。

02 加上半碗水，蓋上蓋子以強火微波 4 分鐘，放入烤箱烤10 ～ 15 分鐘。。

03 取出蔬果，放上起司片後再微波 30 秒即可。

**貼心
小提醒**

也可以先把其他根莖類切成小丁烤熟後，蓋上起司片微波 30 秒。

potato

要省力也要健康

排毒清腸— 燙地瓜葉的 4 種吃法

地瓜葉通腸的效果非常好，想要清腸胃除宿便，可以不要撕除莖梗的外皮，但口感會比較粗。正因為很喜歡地瓜葉這個健康食物，因此 943 自己隨機用現成的醬料下去實驗出以下第二到第四種吃法，發現還滿不錯的呢！

☑ 省時
☑ 省力
☑ 省錢
☐ 不沾手
☑ 低油煙
☐ 零失敗
☐ 清冰箱

精打細算指數
食材料金：10 元 / 份
料理時間：5 分鐘
懶人指數：★★★☆☆
省錢指數：★★★★★
烹飪難度：初級

器材

湯鍋

or

電子鍋

做法

01　地瓜葉洗淨去梗。

02　燒半鍋開水，水滾後放入地瓜葉，水開後一分鐘熄火盛盤。

03　在地瓜葉上澆淋喜愛的調味料，拌勻即可。

OK!

材料

（1 人份）

地瓜葉（數量依個人喜好而定）

✳ 第一種吃法：醬油膏隨意 + 油蒜酥
✳ 第二種吃法：泰式甜雞醬
✳ 第三種吃法：糖 2 小匙 + 醋 1 小匙
✳ 第四種吃法：三島香鬆之類的海苔鬆

吃法 1

吃法 2

吃法 3

吃法 4

貼心小提醒

01　地瓜葉現燙現煮才好吃，所以別放涼、冰過或隔餐吃喔！

02　用電子鍋煮飯時，等電子鍋跳起來以後，將洗好剝好的地瓜葉火速丟入電鍋裡的米飯上悶熟。動作要很快，鍋子打開一秒鐘內就要馬上關上，悶個大約 5 分鐘就剛好熟了，別悶太久以免變黑。

☐ 省時
☑ 省力
☑ 省錢
☐ 不沾手
☑ 低油煙
☐ 零失敗
☐ 清冰箱

精打細算指數

食材料金：30 元／份
料理時間：15-20 分鐘
懶人指數：★★★☆☆
省錢指數：★★★★☆
烹飪難度：中級

賣相極佳的日式小菜

甜蜜蜜日式蜜汁烤南瓜

南瓜是很典型的秋日料理，也是萬聖節不可缺少的應景食物，無論是蒸、煮、烤或微波、做湯都好吃，這道菜是懶得顧爐火又酷愛烤箱所臨時想到的料理，南瓜可不去皮，吃起來有脆脆的口感。。

 材料
（1人份）

南瓜 1/4 個
蜂蜜適量
生菜適量

器材

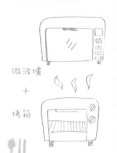

微波爐
＋
烤箱

 做法

01 南瓜洗淨不需去皮，微波 3 分鐘使其變軟，切成一口大小備用，盤上擺上生菜當裝飾備用。

02 將南瓜每一面都沾勻蜂蜜。放入烤箱，以 200℃ 烤 15 分鐘，中途須翻面使南瓜的甜味均勻，等表面的蜂蜜變硬時即可盛盤。

貼心小提醒

如果能把蜂蜜用淋的方式淋在南瓜上，會更方便操作。

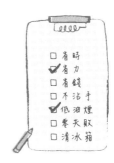

☐ 省時
☑ 省力
☐ 省錢
☐ 不沾手
☑ 低油煙
☐ 零失敗
☐ 清冰箱

精打細算指數

食材料金：20 元／份
料理時間：30 分鐘
懶人指數：★★★★☆
省錢指數：★★★★☆
烹飪難度：中級

意想不到的好搭配

清淡爽口的滋味—蒸蒸南瓜

隱藏版

有天冰箱只剩下南瓜和蒜頭，拿來一試之後發現味道不錯，濃濃的蒜味加上南瓜，搭配和風醬油真是絕配！

材料（1 人份）

南瓜 1/2 個
鰹魚醬油少許
蒜頭 7 ～ 8 瓣

器材

電鍋

做法

01 南瓜洗淨，蒸 10 分鐘使其變軟後切半。蒜頭拍碎備用。

02 將南瓜切塊，均勻淋上鰹魚醬油，將蒜頭鋪在南瓜上。

03 放入電鍋蒸 20 分鐘，放涼後較好吃。

貼心小提醒

這道南瓜也可以不加蒜頭，加鰹魚醬油放冰箱入味一天以後，冷食熱食都好吃喔！

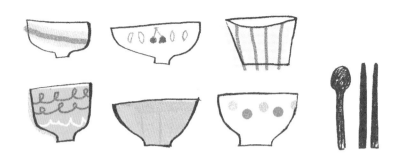

Part2
超神奇！省電省錢爆美味料理 26 道

下廚一定很麻煩嗎？一定花很多時間嗎？一個人煮飯一定很花錢嗎？做菜一定會把自己搞得全身油膩嗎？以上的答案 943 都認為是 No！「方法是人想出來的」，943 相信創意可以克服各種限制，即使沒時間做飯也能找出快速料理的方法，時機歹歹也能花小小預算吃飽，討厭沾手、討厭油煙、討厭失敗，也能找到克服的辦法，輕輕鬆鬆幾個步驟就變出一道菜！

沒火沒爐照樣搞定！

神奇！ **用電子鍋做懶人炒麵**

943 發現電子鍋炒麵的靈感，其實得自於炒菜鍋炒麵。一般炒麵是先將麵煮熟，再放到另一鍋裡炒，總共得用兩個鍋子。有次 943 聽朋友轉述鄰居太太教她只用一個炒菜鍋做炒麵的方法，覺得很神奇，原來是水煮乾時麵條也軟了，即使沾黏也可以藉由筷子攪拌讓不夠潤的部份麵身變軟。

943 心想既然炒菜鍋能做炒麵，為何電子鍋不能呢？如果電子鍋也能炒麵應該能造福不少宿舍族吧？果然一試之下很成功呢！943 建議除了用調理包以外，也能加調味料如冰箱吃不完的香椿醬等，而且從頭到尾免切免洗免沾手喔！真是好處說不完！

- ☑ 省時
- ☑ 省力
- ☑ 省錢
- ☑ 不沾手
- ☑ 低油煙
- ☐ 零失敗
- ☐ 清冰箱

破 20 萬點閱人次

精打細算指數

食材料金：30 元／份
所要時間：10 分鐘
懶人指數：★★★★★
省錢指數：★★★★★
烹飪難度：初級

943
自創

器材

← 電鍋

材料

（1人份）

1 人份中式麵條（1 束直徑約 1 個寶特瓶口大小）

配菜：罐頭或調理包或冰箱的隔夜菜，生的葉菜類亦可

簡單級：罐頭、調理包或冰箱的隔夜菜，未煮熟的葉菜類亦可。

豪華級：蔥爆過的豬肉絲、胡蘿蔔絲、喜歡吃的青菜、拌麵醬（XO 醬、豆瓣醬、烤肉醬、維力炸醬都可）

做法

01　麵條以放射狀平均鋪在電子鍋中，配菜加入麵條上。麵條過長可折半處理，麵條不須貼平於鍋底，鍋子熱了自然麵條會變軟沈到鍋底。

02　鍋內加一碗半的清水（不喜歡太爛口感，可以只加一碗水），蓋上蓋子以「蒸煮」功能煮約 10 分鐘（大同電鍋外鍋加 1 杯水），開關跳起後再以筷子拌一下，讓部份黏住的麵條鬆開即可盛盤，一分鐘後黏住的麵身就都變軟了。

貼心小提醒

01　若以不沾鍋式炊飯電子鍋，或加入的配菜本身有油脂，可不需加油防止鍋底沾黏。若使用非不沾鍋（例如大同電鍋），加入的配菜也沒有油脂的話，可加入一些油，或約一粒咖啡豆大小的美乃滋、沙拉醬等塗抹鍋底，防止黏鍋。

02　鍋內加入清水多寡，可視個人喜歡的麵條口感而定，水多麵條較軟爛，水少則否。

03　煮好麵條若呈乾狀，表示麵條沒有浸到水份，請注意麵條是否平均鋪放。

943 自創

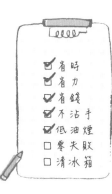

精打細算指數

食材料金：10 元 / 份
所要時間：6 分鐘
懶人指數：★★★★★
省錢指數：★★★★★
烹飪難度：初級

把青菜與麵條一同塞入瓶中，一起燜熟。

只有飲水機，照樣能煮菜！

用保溫瓶煮麵煮菜！ **神奇大公開**

住宿舍不能開火、辦公室沒有微波爐、出外郊遊不能用電器時，要怎麼煮麵、燙青菜呢？943 發現只要用一般的保溫瓶就可以煮麵煮菜囉！方法超簡單！

為了節省煮麵的瓦斯費，943 可是實驗多次才成功。一開始實驗「將麵泡熟」是用冷泡麵和礦泉水瓶，但冷泡麵不便宜，礦泉水瓶的瓶口窄又不易將麵取出，後來 943 想到直接用保溫瓶的「燜燒」原理來「泡麵」，效果和燜燒鍋一樣好喔！完全不用花錢購置新器具呢！

器材

熱水瓶

材料

（1 人份）

中式麵條：粗細均可

蔬菜：海帶芽乾、乾燥蔬菜、易熟青菜，
　　　如地瓜葉、A 菜、小白菜等

拌麵醬：沙茶醬、肉醬、魚罐頭、義大
　　　利麵醬等

配料：小魚乾

調味料：油蔥

滾水

做法

01　麵、蔬菜放入保溫瓶中，注滿
　　滾水，蓋好瓶蓋後將保溫瓶搖
　　一搖（小心燙手），防止麵條
　　黏住。

02　浸泡 6 分鐘，若做乾麵則倒光
　　水再加入拌麵醬；若做湯麵則
　　將保溫瓶中的水注入碗中 4 ～
　　5 分滿，再將麵和調味料倒入
　　碗中，拌勻即可。

貼心小提醒

01　泡好麵後，馬上加水到瓶子裡
　　用力搖晃，就能輕鬆洗瓶子，
　　越早洗越輕鬆。調味料放入碗
　　中比放入瓶中好清洗，所以調
　　味料請不要放到保溫瓶裡喔！

02　保溫瓶用久了若有異味，建議
　　加冷水和醋清洗，就可以讓保
　　溫瓶清潔溜溜。煮麵水和洗瓶
　　水可以留起來洗較油膩的碗，
　　本照片的小型保溫瓶燜一人份
　　的麵剛剛好，再加個罐頭就更
　　好吃了，也可以加韓國泡菜變
　　成湯麵喔！

03　943 最常用「五木麵條」，成
　　功率極高。若使用細麵線大約
　　泡 4 ～ 5 分鐘即可。

一鍋三菜才是王道！

電鍋一次搞定香腸＋青菜＋白飯

時間忙到沒時間顧爐火嗎？只有電鍋沒有其他爐具嗎？想要讓電鍋一次搞定飯菜嗎？把適合蒸熟的菜湊在一起煮就對啦！

有讀者問 943 電鍋應該買六人份還是三人份？就好用度而言，當然是六人份的囉！因為一次可以煮三天份的飯。應該沒有人喜歡天天洗鍋子的吧？此外，943 每次煮飯時一定要順便利用電鍋的熱氣蒸熟東西，如果買附有蒸盤的大同電鍋當然很好用，也可以順便蒸熟很多東西。

破 10 萬點閱人次

- ☑ 省時
- ☑ 省力
- ☑ 省錢
- ☐ 不沾手
- ☑ 低油煙
- ☐ 零失敗
- ☐ 清冰箱

精打細算指數

食材料金：25 元／份
所需時間：30 分鐘
懶人指數：★★★★☆
省錢指數：★★★★★
烹飪難度：初級

器材

← 電鍋

材料
（1 人份）

香腸 1 條（或貢丸、花枝丸等）
紅蘿蔔半根
耐蒸蔬菜適量
白米 1 杯

進階版：加入炒過的碎絞肉或肉醬罐頭，
　　　　碎絞肉可以先炒好一大鍋，用
　　　　小袋分裝冰在冷凍庫，每次取
　　　　一小包使用，省瓦斯又方便。

做法

01　米洗淨後，放入電鍋內鍋蒸盤
　　上放入香腸及洗淨的紅蘿蔔
　　（可不削皮保留營養）及蔬菜，
　　擺在內鍋之上，按下煮飯開關。

02　電鍋開關跳起後，將紅蘿蔔切
　　片，紅蘿蔔及高麗菜沾醬油膏
　　或蠔油很好吃。

貼心小提醒

01　煮飯時一起煮其他的配菜是
　　省時又省燃料費的好辦法，香
　　腸用蒸的比較不像煎烤那麼
　　上火，喜歡清淡口味的朋友不
　　妨試試看。五穀米可先泡軟，
　　蔬菜記得要當餐吃完才不會
　　變黃喔！

02　如果買的是沒附蒸盤的電子
　　鍋，可以利用簡單三支無漆、
　　耐高溫的木質或金屬筷子做
　　支架來托住碗盤，利用力學
　　原理，就可以讓盤子穩穩的
　　「撐」在電鍋中，輕鬆就可以
　　搞定一鍋三菜了，完全不用花
　　錢買蒸盤呢！記得鍋底可以
　　放白米一起煮。

943
自創
↓

剩飯變新菜！

剩菜剩飯變身日式握飯糰

厭倦了前一餐的飯，想要變化一些花樣嗎？或是厭倦了便當盒裡的飯菜，想要來點日式風味呢？有一天 943 實在想不出新菜色，突然靈光一閃，發現簡簡單單的飯糰就能讓剩菜剩飯變新菜，還不必沾手。

只要簡簡單單的步驟，就能使剩菜剩飯搖身一變為新料理喔！簡單到不行，想失敗都很難呢！

☑ 省時
☑ 省力
☑ 省錢
☑ 不沾手
☑ 低油煙
☑ 零失敗
☑ 清冰箱

把沒有湯汁隔夜菜，包入飯裡捏成飯糰，簡簡單單搞定！

精打細算指數

食材料金：10 元／個
所需時間：5 分鐘
懶人指數：★★★★★
省錢指數：★★★★★
烹飪難度：初級

943
自創

器材

microwave
← 微波爐

材料

(2 人份)

剩飯 2 碗（剛煮好的新鮮米飯也可以，
約可做 4 個）
無湯汁的剩菜（或炒蛋、碎肉）
三島香鬆（或碎海苔、芝麻）
耐熱乾淨塑膠袋 1 個

做法

01　飯、菜加熱。

02　取半碗溫熱的米飯放在耐熱乾
　　淨塑膠袋內，米飯撥開一個
　　洞，以湯匙將菜填入米飯中，
　　包裹住內餡。

03　隔著塑膠袋，將飯糰捏成三角
　　形，取出飯糰後撒上三島香鬆
　　（或碎海苔、芝麻）即可。

貼心
小提醒

01　利用塑膠袋的可塑性就能輕
　　鬆捏出握飯糰的形狀，沒有
　　海苔或芝麻不要緊，也可以
　　利用手邊現成的東西代替，
　　例如碎荷蘭芹、小麥胚芽等。
　　我把冰箱中放到硬掉不好吃
　　的蔓越莓乾或葡萄乾丟入電
　　鍋與米飯一起煮，做成飯糰
　　後就變成莓子飯糰，也可以
　　運用創意，加上草莓和煉乳
　　就成了水果飯糰啦！

02　填入內餡的菜請選擇無湯汁
　　或不易出汁的菜餚，葉菜類
　　較不適合。

零失敗的神速義大利麵

10 分鐘 OK 的蕃茄義大利麵

想做義大利麵卻又怕失敗的朋友們，這道突破傳統的義大
利麵只要拌一拌就好，保證零失敗喔！
很多蔬菜水果可以生食直接入菜，沒時間烹調也沒關係，
不但能省下燃料費，還能有吃沙拉的感覺，換換口味也不
錯呢！

近 15 萬點閱人次

☑ 省 時
☑ 省 力
☐ 省 錢
☐ 不 沾 手
☑ 低 油 煙
☐ 零 失 敗
☑ 清 冰 箱

精打細算指數

食材料金：30 元 / 份
所要時間：10 分
懶人指數：★★★☆☆
省錢指數：★★★★★
烹飪難度：初級

器材

micyowaVe

← 微波爐

材料

(1 人份)

義大利麵 1 人份
聖女小蕃茄 1～2 個
生菜半顆
黃紅椒少許
義式沙拉醬少許（或沙拉醬混合水煮鮪魚搗碎）
起司粉或碎巴西里（可省）

做法

01　以微波爐煮義大利麵約 7 分鐘後瀝乾。

02　小蕃茄洗淨，左右對切成一半，生菜洗淨切成小段備用。

03　瀝乾的麵盛盤，加入義式沙拉醬（或沙拉醬加搗碎的水煮鮪魚）混合，撒上生菜及小蕃茄即可。

微波爐如何煮義大利麵

1. 義大利麵分成兩束放入夠大夠深的可微波容器中，麵條需散開直放。

2. 麵條上加入水，水淹過麵條（小心不要超過八分滿，否則水受熱會膨脹溢出），加上鹽、幾滴橄欖油（或其他油）防止麵條黏住。

3. 以強火微波 7 ～ 10 分鐘即可，以筷子輕輕攪散麵條即完成。

貼心小提醒

01　這是改編 Jamie Oliver 的快手食譜，是一道將義大利麵加入沙拉的方便料理，不加鮪魚的話，素食者也可以食用。我用塗三明治的玉米鮪魚醬來拌義大利麵，味道很不錯，也可試試其他的醬汁。只要掌握到小蕃茄和生菜鮮豔的顏色，就能做出漂亮又美味的義大利麵囉！

02　由於每個微波爐火力不盡相同，個人喜好的麵條硬度也不同，微波時間可自行實驗調整。

03　除微波爐之外，也可以用平底鍋煮麵。

□ 省時
☑ 省力
□ 省錢
□ 不沾手
☑ 低油煙
□ 零失敗
☑ 清冰箱

精打細算指數

食材料金：35 元 / 份
所要時間：5 分鐘
懶人指數：★★★★☆
省錢指數：★★★★☆
烹飪難度：初級

讓披薩更脆更好吃

科學麵脆披薩

943 發現很多忙碌的上班族、學生族每天只能依靠超商食物過活，如果你已經吃膩了超商食物，或覺得冷凍披薩不夠有料，可以自己加料變化一下喔！科學麵的功用相當於凱撒沙拉的麵包丁。

材料
（1人份）

冷凍披薩 1 片｜小蕃茄 2 個
科學麵 1 包｜玉米粒適量
火腿 1 片

器材

微波爐

做法

01 冷凍披薩取出，鋪上火腿片、玉米粒、小蕃茄，依包裝說明加熱完成。

02 科學麵拆封前先將麵捏碎，撒在已加熱的披薩上，就是脆脆的科學麵披薩囉！

✓ 省　時
✓ 省　力
✓ 省　錢
☐ 不沾手
✓ 低油煙
✓ 零失敗
✓ 清冰箱

943
自創

精打細算指數

食材料金：40 元／份
所要時間：30 分鐘
懶人指數：★★★★★
省錢指數：★★★★☆
烹飪難度：初級

撿現成　調味不求人

用玉米杯湯做懶人焗飯

想做焗飯卻覺得很複雜、怕失敗嗎？別怕，利用玉米杯湯的現成調味，就能輕鬆做出好吃的焗飯囉！

「撿現成」除了使用現成食材以外，還可以利用方便的湯包做調味，對廚房新手和趕著做菜的現代人而言，可是一大福音呢！

材料 （2 人份）

玉米杯湯粉或濃湯罐頭 1 杯
隔夜飯或新鮮白飯 1 碗
莫札瑞拉起司（mozzarella）適量
喜歡的餡料（火腿、海鮮等）適量

貼心
小提醒

器材

烤箱
Oven

做法

01　杯湯粉以熱水泡開攪勻，濃度比直接飲用的稍濃些。

02　濃湯、飯、餡料放入烤盤，上層鋪上薄薄的起司，以 200℃烤 30 分鐘至表面呈金黃色即可。

很多人都知道濃湯罐頭可以當現成的白醬來焗烤，其實杯湯也有類似的效果，十分方便好用，大家可以試試看各種口味喔！

☑ 省時
☑ 省力
☐ 省錢
☑ 不沾手
☑ 低油煙
☐ 零失敗
☐ 清冰箱

943 自創

撿現成 省時又省力

撿現成偷吃步的天婦羅親子丼

精打細算指數

食材料金：20 元 / 碗
所要時間：10 分.
懶人指數：★★★★☆
省錢指數：★★★★☆
烹飪難度：中級

丼飯的原理是利用現成的白飯加上不同的配菜作出各種變化，
如果白飯上的配料用現成的甜不辣和鰹魚醬油，就能省去醃肉
及炸肉的功夫，既方便又好吃，值得一試。

材料
（1 人份）

甜不辣 3 條　　　鰹魚醬油（若無可用
雞蛋 1 顆　　　　一般醬油加砂糖）
白飯 1 碗　　　　洋蔥半顆
紅蘿蔔 2 片　　　清水 1 碗

貼心 小提醒

器材

做法

01　洋蔥半顆切成長條備用。炒鍋
　　中放入清水及醬油煮沸後，加
　　入洋蔥、紅蘿蔔片及甜不辣以
　　小火續煮 5 ～ 10 分鐘。

02　鍋中湯汁快收乾時，加入雞
　　蛋迅速攪拌 5 秒後熄火，倒
　　入白飯上即可。

每一種鰹魚醬油的濃縮比
例不同，可視各包裝指示
斟酌添加。

炒鍋 / 湯鍋

□ 省時
☑ 省力
☑ 省錢
□ 不沾手
☑ 低油煙
□ 零失敗
☑ 清冰箱

943
自創

精打細算指數
食材料金：30 元 / 份
所要時間：30 分鐘
懶人指數：★★★★☆
省錢指數：★★★★☆
烹飪難度：初級

通通丟進碗公就搞定！

超美味 蛤蜊蒸蛋拌飯

隱藏版

蛤蜊蒸蛋是一道簡單又好吃的菜，只要把蛤蜊放入蛋汁裡加熱就搞定了，不用翻炒也不用注意火候，非常簡單，重點是湯汁非常鮮美，尤其把剩飯加在蛋汁裡很好吃喔！

材料（1人份）
蛤蜊 4～5 個 ｜ 蔥半支
雞蛋 2 個 ｜ 鹽少許
薑數片

器材

電鍋

做法

01 蛤蜊吐沙、薑切片、蔥切碎末備用。

02 雞蛋放入耐熱的深碗中打散，放入薑片、蛤蜊、鹽，加水至 7 分滿，放入電鍋，外鍋放 1 杯水蒸熟。

貼心小提醒

蒸蛋時將電鍋鍋蓋留個小縫，可以讓蒸蛋的表面較光滑喔。

大鍋煮好簡單

營養滿分的西式雞湯粥

這道是 943 旅行到紐西蘭時學到的菜,熱呼呼的很好吃呢!雞湯粥裡除了有雞肉的鮮美,還有各種蔬菜的甜味,湯頭真是讚到不行!

喝雞湯不一定要買全雞,雞翅就能熬出雞湯了。雞翅以電鍋的蒸煮功能蒸 10 分鐘,雞肉就都煮爛了,真是方便極了!這道菜也是很棒的清冰箱料理,冰箱裡適合煮湯的材料都可以丟到鍋子裡一起煮,熬出美味的雞湯粥喔!想更省錢,就利用雞骨架熬湯也可以喲!

☑ 省 時
☑ 省 力
☐ 省 錢
☑ 不沾手
☑ 低油煙
☐ 零失敗
☑ 清冰箱

精打細算指數

食材料金:50 元 / 份
所要時間:30 分鐘
懶人指數:★★★★☆
省錢指數:★★★★★
烹飪難度:中級

器材

←‥‥‥ 電鍋

做法

01　雞翅放入電鍋中，加水淹過雞肉，外鍋 2 杯水，燉煮約 50 分鐘。

02　紅蘿蔔切片備用。

03　雞湯煮好後，加入切好的蔬菜和熟飯，外鍋再加 1/2 杯水，續煮 15 分鐘至紅蘿蔔變軟即可，煮時依個人喜好邊嘗邊加鹽。

適合煮湯的材料
清冰箱時通通拿出來大鍋煮

紅蘿蔔、芹菜、蕃茄、白蘿蔔、馬鈴薯、花椰菜、洋蔥、金針菇、菇類、白菜、海帶、海鮮等。

不錯的搭配：
紅蘿蔔＋芹菜、紅蘿蔔＋蕃茄、白蘿蔔＋羊肉＋薑、香菇＋海帶、昆布＋海鮮等。
海帶類不要和油蔥酥加在一起，會把彼此味道抵消。

材料

（3 人份）

雞翅 3 付
紅蘿蔔 1 條
馬鈴薯或洋蔥 1 顆（可省）
美國芹菜 2 支
熟飯半碗

Celery
onion
chicken wing
rice
Carrot

貼心小提醒

01　鹽不要在煮雞湯前加，這樣會讓雞肉變硬，最好煮熟後再加，一邊嘗一邊慢慢加，才不會太鹹。

02　紅蘿蔔不一定要削皮，因為皮也有很多營養，而且紅蘿蔔最甜的就是緊靠外皮的部份，不削皮也能節省很多時間，更能減少垃圾呢！

☑ 省時
☑ 省力
☑ 省錢
☑ 不沾手
☑ 低油煙
☐ 零失敗
☑ 清冰箱

精打細算指數

食材料金：5 元／1 人份
所要時間：10 分鐘
懶人指數：★★★★★
省錢指數：★★★★★
烹飪難度：初級

酸酸甜甜好開胃

夏日輕食巧料理── 玫瑰醋冷麵

夏日炎炎，不想下廚房、更不想沾手，不妨來試一下新口味涼麵！果香十足的玫瑰醋，因為不會過酸或有嗆人的酸勁，酸酸甜甜很開胃呢！使用 Q 度夠的麵條來煮，再加上玫瑰醋清淡地吃，可以嘗出麥子淡淡的甜味喔！

材料
（1 人份）

玫瑰醋 約 1/5 碗　　紅蘿蔔絲炒許
麵 1 人份　　　　　黃椒（切絲）少許

器材

湯鍋

做法

01　麵、菜以湯鍋煮熟。

02　麵放入冷水中約 10 ～ 20 秒冷卻，取出瀝乾後加入少許玫瑰醋拌勻，最後加上紅黃椒絲即可。

貼心
小提醒

玫瑰醋味道很香醇很甜，沒有嗆人的酸醋味，適合直接放入食物中吃，沖茶喝也很棒，很適合炎熱的天氣喔！

✓ 省時
✓ 省力
✓ 省錢
✓ 不沾手
☐ 低油煙
☐ 零失敗
✓ 清冰箱

精打細算指數

食材料金：10 元／份
所要時間：10 分鐘
懶人指數：★★★★☆
省錢指數：★★★★★
烹飪難度：初級

一小匙就有好滋味

百吃不膩沙茶 / 炸醬拌麵

有時肚子不很餓，只想吃一點點，這時 943 最喜歡做沙茶／炸醬拌麵，簡單又快速。簡簡單單也是有好滋味的！不管是麵還是麵線，拿來拌沙茶或炸醬，都很對味。

材料
（1 人份）

沙茶醬／炸醬 2 小匙、蔥花少許
麵條 1 束

器材

湯鍋

做法

麵以湯鍋煮熟瀝乾放入大碗中，加入沙茶醬拌勻，加入蔥花少許即可。

貼心小提醒

加入 2 ～ 3c.c. 煮麵水連同沙茶醬或炸醬一起攪拌，比較滑順好吃。

近 20 萬點閱人次

☑ 省時
☑ 省力
☑ 省錢
☑ 不沾手
☐ 低油煙
☐ 零失敗
☑ 清冰箱

精打細算指數

食材料金：5~10 元 / 份
所要時間：20 分鐘
懶人指數：★★★☆☆
省錢指數：★★★★★
烹飪難度：中高級

意想不到的祕方！意想不到的容易！

意想不到的美味—祕密醬汁炒飯

943 家的冰箱和大部分人的家裡一樣，總是有保鮮期限短暫、必須盡快消耗完畢的沙拉醬，其實沙拉醬的原料很適合用來作炒飯呢！日本美食節目也有介紹過呢！想消耗掉沙拉醬卻又不想天天吃沙拉時，這個方法不錯喔！

材料 (1 人份)

隔夜菜適量
剩飯 1 碗
雞蛋 1～2 個（可省）

醬油 3 匙（或其他想消耗掉的醬）
千島沙拉醬 3 大匙

器材

炒鍋

做法

01　剩飯加入 3 大匙沙拉醬拌勻。雞蛋打散備用。

02　鍋子以中火燒熱，不加油直接加入打好的蛋，蛋熟前加入拌勻沙拉醬的飯，讓飯裹上蛋汁，加入隔夜菜、醬油（或其他你想消耗掉的醬）後大火翻炒即可。

貼心小提醒

加醬油時不要直接澆在飯上，從鍋邊加入鍋中，以鍋子的熱度讓醬汁產生類似焦糖的味道，會更好吃喔！

☑ 省　時
☑ 省　力
☐ 省　錢
☐ 不沾手
☑ 低油煙
☑ 零失敗
☑ 清冰箱

精打細算指數

食材料金：10 元／2 人份
所要時間：50 分鐘
懶人指數：★★★★★
省錢指數：★★★★★
烹飪難度：初級

米飯加料好營養

米飯新口感 # 新疆葡萄乾素抓飯

943 很愛在米飯中加料一起煮，實驗過的東西包括蔓越莓、黑豆、黃豆、薏仁、香菇、紅蘿蔔、玉米粒、冷凍蔬菜、雞蛋、甜不辣、貢丸、香腸、花枝（居然完全沒有腥味）……，產生許多神奇的意外結果。

材料
（2 人份）

米 1 杯（量米杯）約 125 公克
吃不完的葡萄乾，數量依個人喜好

器材

電鍋

做法

米洗淨後加入葡萄乾，如同一般煮飯方法煮熟即可。

貼心小提醒

建議一開始先不用加太多葡萄乾，如果吃得習慣，再慢慢添加其他的「配料」，很有趣的。

☑ 省時
☑ 省力
☑ 省錢
☑ 不沾手
☐ 低油煙
☐ 零失敗
☐ 清冰箱

精打細算指數

食材料金：30元／1人份
所要時間：5分鐘
懶人指數：★★★★★
省錢指數：★★★★☆
烹飪難度：初級

超簡單日本料理自己動手做

用飯糰做茶泡飯

沒有廚房也能做日本料理喔！不相信？超簡單的茶泡飯不用煮飯也能
做呢！利用便利的超商食物，上班族在茶水間也能自己做茶泡飯喔！

材料
（1人份）
飯糰 1 個
茶包 1 個或茶飲料一瓶

器材

做法

把飯糰加熱，放入碗
中，倒入茶水即可。

電鍋

貼心
小提醒

數年前 943 到日本旅行
時忽然想吃茶泡飯，可是
旅館裡沒有廚房，只有熱
開水，於是靈機一動想到
去便利超商買飯糰做茶泡
飯。原來「飯糰＋茶＝茶
泡飯」，沒有電鍋也能搞
定喔！

□ 省 時
☑ 省 力
□ 省 錢
□ 不 沾 手
☑ 低 油 煙
□ 零 失 敗
□ 清 冰 箱

943
自創

精打細算指數

食材料金：55 元 / 1 人份
所要時間：20 分鐘
懶人指數：★★★★☆
省錢指數：★★★★☆
烹飪難度：初級

茶泡飯不稀奇

茶泡餃子 解油膩！

隱藏版

水餃是很方便的料理，只要取出冷凍水餃，下鍋煮熟就可以吃了。不過偶爾也想換換口味，想把日本料理茶泡飯的主角換成水餃試試看，果然一口咬下含有綠茶的水餃時，口感頓時清爽不少，食欲不振時很開胃啊！茶泡飯不稀奇！湯餃也不稀奇！試試看茶泡餃子吧！

材料
（1 人份）

水餃 10 顆
綠茶茶包 1 包

器材

湯鍋

做法

按照一般程序煮好水餃，煮水餃時將茶泡好，將水餃及茶放入碗中即可完成此道料理。

貼心
小提醒

用無糖綠茶比較適合喔！茉莉綠茶的味道最佳！大家可以參考看看！

jasmine
green
tea

☑ 省時
☐ 省力
☐ 省錢
☐ 不沾手
☑ 低油煙
☑ 零失敗
☑ 清冰箱

精打細算指數

食材料金：30 元 / 份
所要時間：10 分鐘
懶人指數：★★★★☆
省錢指數：★★★★☆
烹飪難度：初級

買不到海苔也能做壽司

變化滋味火腿捲壽司

隱藏版

想自己做壽司卻常買不到海苔，其實轉個彎，用火腿片代替海苔也是可以做壽司的喔！

材料
（4人份）

火腿片數片
白飯適量
裝飾用配菜如小蕃茄、小黃瓜、起司片等
牙籤數支

做法

火腿片對切成兩半，取一湯匙白飯放在火腿片上，以火腿片將白飯圈住，稍加塑型後以牙籤固定，放上小蕃茄或小黃瓜等裝飾即可。

貼心小提醒

略帶甜酸味的水果搭配火腿是不錯的選擇喔。

☑ 省時
☐ 省力
☐ 省錢
☐ 不沾手
☑ 低油煙
☐ 零失敗
☑ 清冰箱

精打細算指數

食材料金： 20 元 / 份
所要時間： 15 分鐘
懶人指數： ★★★★☆
省錢指數： ★★★★☆
烹飪難度： 初級

米飯也能做披薩

一極棒的焗烤米飯披薩 爆藏版

吃剩的白飯加上一點巧思，也可以作成披薩，口感也很獨特，
想試試新口味的朋友，不妨做看看！

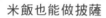

材料
（2人份）

隔夜飯 1 碗
適合烘烤的配菜：青椒、火腿等
披薩用乳酪絲適量
乾淨的光滑塑膠袋或保鮮膜

貼心
小提醒

器材

做法

01　將鋁箔紙輕輕揉捏再張開，使
鋁箔紙表面皺皺的，可減少米
飯黏住。

02　取一湯匙米飯放在乾淨塑膠袋
裡稍微捏成約夾心餅乾的形狀
及大小，放在鋁箔紙上，米飯
上放配料及乳酪絲，放入烤箱
以 250℃烤 10 分鐘即可。

烤箱

鋁箔紙塗油也可以防止
米飯黏在鋁箔紙上。

943
自創

精打細算指數

食材料金：45 元 / 份
所要時間：40 分鐘
懶人指數：★★★★☆
省錢指數：★★★★★
烹飪難度：初級

零食也可以入菜！

稀飯新吃法──鳥巢稀飯　隱藏版

這是 943 替吃慣超商食物的讀者們所發想的創意吃法，口感很不錯，乾乾的薯條零嘴與水分很多的稀飯正好是互補，有點類似小魚乾配稀飯的口感。

材料
（2 人份）

零食薯條半包
白飯 1 碗
裝飾用的配菜少許

器材

貼心
小提醒

做法

01　將白飯加半碗水放入電鍋蒸，外鍋半杯水，即是稀飯。

02　將稀飯盛盤，薯條均勻裝在盤緣，就是鳥巢稀飯了。

如果把炸薯條鋪在太陽蛋四周，就是「鳥巢蛋」，也是很不錯的吃法。

電鍋

□ 省時
□ 省力
□ 省錢
☑ 不沾手
☑ 低油煙
□ 零失敗
☑ 清冰箱

精打細算指數

食材料金：20 元 / 份
所要時間：3 分鐘
懶人指數：★★★★☆
省錢指數：★★★★☆
烹飪難度：初級

水餃 & 泡菜 撞出新火花

好好吃的韓式泡菜拌餃

隱藏版

這招韓式泡菜拌餃和韓國泡菜水餃不一樣，是非常簡單的一道菜，有天 943 突發奇想，想把韓國泡菜的醬汁拿來代沾水餃的醬油膏，沒想到一嘗試就愛上了，韓國泡菜拌水餃真的別有一番滋味呢！

材料
（1 人份）

水餃數個
韓國泡菜適量

貼心
小提醒

器材

湯鍋

做法

將水餃煮熟，拌上韓國泡菜即可。

韓國泡菜頗鹹，所以不必再加醬油膏。

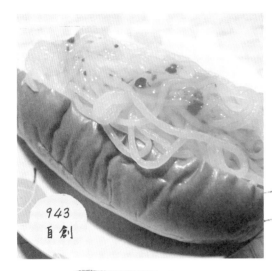

943
自創

☑ 省　時
☑ 省　力
☑ 省　錢
☐ 不沾手
☑ 低油煙
☑ 零失敗
☑ 清冰箱

精打細算指數

食材料金：30 元／份
所要時間：10 分鐘
懶人指數：★★★★☆
省錢指數：★★★★★
烹飪難度：初級

冰冰涼涼好滋味

低卡塑身蒟蒻涼麵麵包

隱藏版

蒟蒻素有低卡聖品之稱，也可以搭配很多口味呢！943 發現蒟蒻麵可以做不少的料理，例如當作米苔目那樣放入甜甜的飲料中吃，感覺就像甜品那樣吸引人的養樂多蒟蒻涼麵；又如做成現在很夯的涼麵麵包，都是不錯的選擇。

材料 （1 人份）

蒟蒻麵 1 人份
泰國甜雞醬少許
熱狗麵包 1 個

做法

01　蒟蒻麵充份沖洗乾淨去除味道。

02　拌入泰國甜雞醬後放到熱狗麵包即可。

貼心小提醒

01　蒟蒻包裝在液體中會有一些味道，要倒掉液體並充份沖洗至少兩次。

02　泰國甜雞醬也可以替換成其他較清爽的醬汁。

精打細算指數

食材料金：30 元 / 份
所需時間：10 分鐘
懶人指數：★★★★☆
省錢指數：★★★★★
烹飪難度：初級

迅速完成免厚工

吃飽也吃巧 蒟蒻沙拉 隱藏版

許多人愛吃沙拉，卻畏懼沙拉醬驚人的熱量，943 發現用泰國甜雞醬搭配蒟蒻，放在生菜上頭，就是一份可以吃飽飽、熱量又低的好料理！

材料
（1 人份）

泰國甜雞醬少許
生菜適量
黃椒半個
紅椒半個
火腿 1 片

做法

貼心
小提醒

01　蒟蒻麵充份沖洗乾淨去除味道。

02　生菜洗淨瀝乾，黃、紅椒洗淨切段，火腿切段，置於盤中備用。

02　蒟蒻麵拌入泰國甜雞醬，放於生菜、紅黃椒等上頭即可。

蒟蒻可以放入熱水中川燙，水中加些鹽巴，這樣蒟蒻就會有味道，加上水果、生菜就很豐富，也可以與優格或和風醬、油醋搭配食用。

近 15 萬點閱人次

□ 省時
☑ 省力
□ 省錢
□ 不沾手
□ 低油煙
□ 零失敗
□ 清冰箱

精打細算指數

食材料金：30 元／1 人份
所要時間：35 分鐘
懶人指數：★★★★★
省錢指數：★★★★☆
烹飪難度：初級

一定要學會

經典懶人菜——香菇雞湯

懶人菜絕對不能不介紹這道經典、超懶又不易失敗的料理——香菇雞湯，只要把材料通通丟到電鍋就搞定了，還不用顧爐火！寒冷的冬天來上一碗，馬上暖呼呼，而且營養又好喝呢！

材料（1 人份）

新鮮雞肉塊數塊
（冷凍過或冷藏超過一天的雞肉不可）
水、鹽少許
洗淨的薑
香菇數個

器材

電鍋

 做法

薑用刀背拍碎，香菇、雞肉塊洗淨後，放入電鍋內鍋，七分滿的水，外鍋放 1 杯半的水，煮至 30 分鐘即可，煮好後再加鹽。

貼心小提醒

薑是讓雞湯嘗起來鮮美的關鍵，建議選用傳統市場賣的雞肉，超市裡的肉通常已冷藏一天以上，適合紅燒或燒烤，若清燉煮湯會較腥。鹽會讓雞湯裡的肉變老，建議最好在起鍋後再邊嘗邊加鹽，肉質會較軟。若不希望雞湯太油，可將雞湯煮好放涼後冷藏，再挖掉浮在湯上的固體油脂。

☐ 省時
☑ 省力
☐ 省錢
☐ 不沾手
☑ 低油煙
☐ 零失敗
☑ 清冰箱

精打細算指數

食材料金：40 元 / 份
所要時間：20 分鐘
懶人指數：★ ★ ★ ★
省錢指數：★ ★ ★ ★
烹飪難度：中級

通通丟進碗公就搞定！

新手快速入門—— # 泰式酸辣海鮮湯

自從 943 去泰國旅行後，回來就對泰國酸辣湯念念不忘，泰式酸辣湯也是一道掌握「大鍋煮就好吃」原理的湯品，這道食譜可以消耗掉很多蕃茄，也可以加入其他食材，加入蝦子就成了泰式酸辣海鮮湯囉！

材料
（2人份）

牛蕃茄 1 個（其他當季蔬菜、海鮮等）
椰奶半碗
泰式酸辣醬或湯塊 3 大匙
蝦子等海鮮適量

糖 3 大匙（依個人喜好加減）
鹽
水

貼心小提醒

器材

湯鍋

做法

01 牛蕃茄及蔬菜切好備用。

02 鍋中倒入 2 碗水燒開，加入泰式酸辣醬、鹽、糖、蔬菜小火煮 5 分鐘後，加入蝦子等海鮮，再加入椰奶拌勻即可。

如果不放海鮮，就是一般的泰式酸辣湯，加上關東煮或甜不辣續煮 5 分鐘，就是滋味豐富泰式酸辣湯關東煮／甜不辣唷！

☑ 省時
☑ 省力
☑ 省錢
☑ 不沾手
☑ 低油煙
☑ 零失敗
☐ 清冰箱

精打細算指數

食材料金：10 元 / 份
所要時間：30 分
懶人指數：★★★★☆
省錢指數：★★★★★
烹飪難度：初級

> 簡單做出好湯頭

超簡單 南洋風 ABC 湯

某次嘗到馬來西亞朋友煮的菜，一嘗之下真是「驚為天湯」呀！原來才兩種蔬菜加在一起熬煮，就可以有這麼美味的甘甜素高湯，吃素的朋友不用愁囉！

材料（1 人份）

紅蘿蔔 1 ～ 2 條
馬鈴薯 1 ～ 2 個
大蕃茄 1 ～ 2 個
鹽少許

器材

湯鍋

做法

01　紅蘿蔔、大蕃茄切成大塊備用（紅蘿蔔皮富含營養，可以不用削皮）。

02　湯鍋裝水煮開後，將切好的材料放入鍋中，再沸騰後轉小火熬煮約 10 ～ 20 分鐘至有香味，即可加鹽調味。

> 貼心小提醒

這道湯只要用紅蘿蔔、蕃茄這兩種就會有甜味，也可以加入其他材料，如鹹菜、玉米、西洋芹、洋蔥、高麗菜、肉類等。唯獨紅蘿蔔不要和扁魚類一起煮，海帶類不要和油蔥加在一起，這會把味道相抵消掉。

精打細算指數

食材料金：30 元 / 份
所要時間：5 分鐘
懶人指數：★★★★★
省錢指數：★★★★★
烹飪難度：初級

免開火煮湯

用冰箱煮的西班牙冷湯

有網友問 943：「有沒有不用開火就能煮的湯？」答案是：有！這道只用果汁機、不用加熱就可以煮的西班牙冷湯，顛覆我們對湯的既有印象！「用冰箱煮的湯」超酷的！

材料
（1 人份）

義式沙拉醬或和風沙拉醬 50 ～ 100ml　　彩椒或西芹 1 根
大蕃茄 4 個　　　　　　　　　　　　　蒜頭 1 小瓣
麵包粉少許
小黃瓜 1 條

器材　　　　　　做法

blender
果汁機

01　全部材料放入果汁機中打碎攪勻。

02　冰入冰箱 2 ～ 4 小時再取出放涼即可。

Part3
懶到最高點 美味點心 16 道

想到悠閒生活，大部分的人腦海中都
會浮現喝咖啡吃甜點的畫面，自己動
手做點心，非得弄得滿手麵粉不可
嗎？那可不一定，943 幫大家整理了
一些既簡單又好吃的懶人點心飲料，
想過悠閒生活當然用不著在廚房裡忙
得滿頭大汗囉！

☐ 省時
☑ 省力
☑ 省錢
☐ 不沾手
☑ 低油煙
☑ 零失敗
☑ 清冰箱

精打細算指數

食材料金：2.5 元 / 個
所要時間：15 分鐘
懶人指數：★★★★☆
省錢指數：★★★★★
烹飪難度：初級

省錢也要變美麗

懶美人輕鬆自製亮膚果凍

吉利 T 萃取自海藻等植物，富含植物性膠質，對於想要皮膚白泡泡、幼咪咪的女性朋友非常有幫助。吉利 T 粉既便宜，又可消耗吃不完的果醬或果汁，做成簡單的點心，一舉數得。

材料
（8 人份）

想趕快消耗完的果醬半瓶或果汁約 1000c.c.
吉利 T 粉 50 克
糖 (份量依個人喜好而定)
已煮過後放涼的開水約 1000c.c. 左右

器材

湯鍋

做法

01 加入吉利 T 粉末、果醬或果汁、糖、開水等攪拌均勻（開水分批倒入，不要放入湯鍋一次全加，一面加一面嘗，才能調成自己喜愛的甜度）。

02 混合好的液體以中火煮到邊緣起泡（不要煮沸）即熄火，盛入容器中放涼即可。

貼心小提醒

也可以用吉利丁 (吉利丁是葷的，吉利 T 是素的)、果凍粉、洋菜粉、寒天試試看。攪拌不均勻沒有關係，結塊的果凍也會有類似蒟蒻的口感。

□ 省時
□ 省力
□ 省錢
□ 不沾手
☑ 低油煙
□ 零失敗
☑ 清冰箱

943
自創

精打細算指數

食材料金：20 元 / 份
所要時間：10 分鐘
懶人指數：★★★★☆
省錢指數：★★★★☆
烹飪難度：初級

零嘴也能入菜

另類美味—可樂果脆沙拉　隱藏版

平常直接一口接一口吃的零嘴，也可以當作創意沙拉料理的好材料呢！有天 943 想做凱薩沙拉卻找不到合適的麵包丁，忽然想起手邊有包還沒吃完的可樂果，馬上就發現脆脆的零嘴是取代沙拉中麵包丁的最佳材料！

材料（1 人份）

可樂果數條
蕃茄半個
紅蘿蔔 1/4 條
生菜半棵
小豆苗少許
葡萄乾適量
沙拉醬適量

raisins

carrot

Lettuce

貼心
小提醒

做法

01　生菜洗淨備用，蕃茄切片、紅蘿蔔切絲。

02　撒上可樂果、葡萄乾、淋上沙拉醬，就是口感多元的沙拉了。

零嘴可別放太久，潮掉變軟就不好吃囉！如果沒有可樂果，拿科學麵來做，也很對味喲！

□ 省 時
□ 省 力
□ 省 錢
□ 不 沾 手
☑ 低 油 煙
□ 零 失 敗
□ 清 冰 箱

精打細算指數

食材料金：30 元／份
所要時間：10 分鐘
懶人指數：★★★★☆
省錢指數：★★★★☆
烹飪難度：中級

懶人食補

暖烘烘的美味—酒釀湯圓

冬天吃酒釀真的暖呼呼，是很營養、也很暖胃的一道輕「補品」。糖的種類和份量、蛋的熟度和是否打散都可憑個人喜好自行調整，非常自由，喜歡補一點就加黑糖、想要輕盈一點的口感就加冰糖。

材料
（1 人份）

甜酒釀 3 大匙
糖適量
湯圓 2 個
蛋 1 個
水 1000c.c.

貼心小提醒

器材

湯鍋

做法

01 燒開半鍋水，水滾後放入湯圓及糖。

02 煮至湯圓浮起後加蛋，熄火後加酒釀即可。

01 請小心湯圓別煮太久，否則容易破掉喔！現成的酒釀可別放太久，以免發酵過度後，米粒吃起來虛虛的不飽滿。

02 也可以自行變換口味，例如加入芋圓、薑母茶、水果罐頭、玫瑰果醬或桂花釀等。

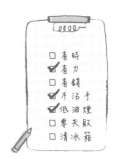

□ 省時
☑ 省力
□ 省錢
☑ 不沾手
☑ 低油煙
□ 零失敗
□ 清冰箱

943
自創

精打細算指數

食材料金：7 元／份
所要時間：12~15 分鐘
懶人指數：★★★★☆
省錢指數：★★★★★
烹飪難度：中級

隱藏版

能不洗鍋、就不洗鍋！

免洗鍋！吐司煎蛋的革命新做法

吐司煎蛋是很常見的早餐，可是煎蛋後還要洗鍋子，實在滿麻煩的。
想吃吐司煎蛋卻又不想洗鍋子，可以用烤箱來「煎」，雖然比較沒有
油煎的香味，不過不用洗鍋子可是一大利多啊！

材料（1 人份）

冷凍的吐司 1 片
退冰的雞蛋 1 個
鹽（約一粒綠豆大小即可）

小豆苗少許
葡萄乾適量

器材

烤箱

做法

01 從冷凍庫取出吐司一片，用鐵湯匙
沿著吐司邊輕輕將靠近吐司邊的部
份壓陷，以盛住蛋液。

02 將退冰至室溫的生蛋直接打在壓好
的吐司上，撒一點鹽，小心別讓蛋
液溢出吐司。

03 以 250℃烤 12 分鐘（未全熟）至
15 分鐘（全熟），再加上小豆苗及
葡萄乾即可。

貼心小提醒

吐司想保存久一點的話，
就要放冷凍庫，最久可以
放將近一個月呢！一定要
用室溫的蛋，不然很容易
發生蛋沒熟，但吐司燒焦
的情況喔！

精打細算指數

食材料金：20～40 元／份

所需時間：半日

懶人指數：★ ★ ★ ★ ★

省錢指數：★ ★ ★ ★ ★

烹飪難度：初級

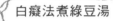

白癡法煮綠豆湯

用電鍋和冰箱輕鬆煮綠豆湯

對料理新手來說，煮綠豆和紅豆都算是功夫菜，不僅要煮好久，很浪費電和瓦斯，而且要煮得綿密好吃，更是一件難事。自從在網路上發現「蒸綠豆」的煮綠豆湯妙法，943 就不再用湯鍋煮了。

材料
（6人份）

綠豆（或紅豆、蓮子、薏仁）2 杯
水適量
糖（砂糖、冰糖、黑糖、果糖、果醬、
果汁濃縮液）份量隨個人喜好添加

器材

電鍋

做法

01　綠豆泡水半天以上，漲大後將水倒掉並稍加沖洗。

02　將綠豆蒸熟（按照電鍋煮飯的步驟與水量），內鍋的水淹過豆子約 4 公分高，外鍋放入 1 杯水，此階段不可加糖。

03　綠豆蒸熟後，加入果醬或糖攪拌至溶解，試吃調整自己喜愛的甜度，待涼放入冰箱即可。紅豆較不易熟，要照煮飯程序煮兩次。

☐ 省時
☑ 省力
☑ 省錢
☑ 不沾手
☑ 低油煙
☐ 零失敗
☐ 清冰箱

精打細算指數

食材料金：5 元 / 份
所需時間：20 分鐘
懶人指數：★★★★☆
省錢指數：★★★★★
烹飪難度：中級

通通丟進鍋子就 OK！

暖呼呼的黑糖地瓜薑湯

943 覺得地瓜是很健康的食物，平常習慣烤或蒸幾個來吃，不過吃久了總得換個吃法，地瓜薑湯加黑糖很溫潤，做起來也很簡單，不容易失敗，冬天吃超暖的！女生在生理期多吃這個比較不容易手腳冰冷。

材料 （4人份）

地瓜 1～2 個
黑糖 2～3 大匙（視個人喜好增減）
老薑 1 塊
水 5 碗

器材

湯鍋
or
電鍋

做法

01 地瓜切塊（可不去皮保留營養），薑去皮用刀背拍碎。

02 地瓜、薑、黑糖、五碗水放入鍋中熬煮，水沸騰後繼續悶煮數分鐘即可。（可用電鍋煮比較不容易忘記，免得燒焦）

貼心小提醒

薑的皮是寒性的，必須先用湯匙刮除。

刮刮

☑ 省 時
☑ 省 力
☑ 省 錢
☑ 不 沾 手
☑ 低 油 煙
☑ 零 失 敗
☑ 清 冰 箱

精打細算指數

食材料金：40 元 / 份
所要時間：15 分鐘
懶人指數：★★★★★
省錢指數：★★★☆☆
烹飪難度：初級

能不沾手就不沾手！

免洗免切免沾手的吐司披薩

943 是個很愛吃披薩的人，不過卻很懶得做披薩，有天利用吐司當作披薩的底，鋪上自己喜歡的餡料，就是很簡單的吐司披薩囉。懶得切切洗洗的話，可以直接用鮪魚罐頭、玉米罐頭、切片火腿來作，全程使用湯匙或筷子，這樣就可以完全不沾手囉！

材料（1 人份）

吐司 1 片
易熟的餡料（如水煮鮪魚罐頭、玉米罐頭或青椒、火腿或熱狗、蕃茄醬等）
會牽絲的起司 (莫札瑞拉 mozzarella)

器材

烤箱

做法

01 將喜歡的餡料鋪在吐司上，最上層撒滿起司。

02 以 230℃烤 10 分鐘即可。

貼心小提醒

如果家裡水果、布丁過剩，也可以改用布丁作成焦糖醬，再加上水果，就成了布丁焦糖披薩啦！

☐ 省時
☑ 省力
☐ 省錢
☑ 不沾手
☑ 低油煙
☑ 零失敗
☐ 清冰箱

精打細算指數

食材料金：15 元／份
所需時間：5 分鐘
懶人指數：★★★★★
省錢指數：★★★★☆
烹飪難度：初級

創意拿鐵好滋味

比焦糖拿鐵更優的**布丁拿鐵**

拿鐵和布丁都是很多人的最愛，所以 943 靈機一動，想試試看布丁加拿鐵是不是更好喝呢？加了布丁的拿鐵更香更醇，和焦糖拿鐵相比，加布丁的拿鐵多了一分布丁獨特的奶香和濃郁。喝過的人都說好喝喔！

材料
（1 人份）

布丁 1 個
拿鐵咖啡半杯

器材

微波爐

做法

01 布丁微波 1～2 分鐘
融化成液體。

02 布丁液倒入咖啡，稍
加攪拌，香醇的布丁
拿鐵完成啦！

貼心
小提醒

三合一的咖啡也 ok 喔！若太濃可以自己加水稀釋，建議趁熱喝，放得太久就會凝固成拿鐵布丁囉！

□ 省 時
□ 省 力
☑ 省 錢
□ 不沾手
☑ 低油煙
☑ 零失敗
☑ 清冰箱

精打細算指數

食材料金：20 元／份
所要時間：3 分鐘
懶人指數：★★★★☆
省錢指數：★★★★☆
烹飪難度：初級

東加西加、加出好口味！

新奇又有深度—俄羅斯奶茶

一切都是為了清冰箱！當初 943 做這道飲料也是因為冰箱剩了吃不完的果醬，上網一搜尋才發現俄羅斯奶茶的做法。混合了牛奶濃、果醬甜和白酒香的俄羅斯奶茶，味道可說是新奇又有深度呢！

材料
（1 人份）

紅茶茶包 1 包
牛奶或奶精適量
果醬（草莓、藍莓）適量
伏特加或一般白酒少許

**貼心
小提醒**

做法

以約 70 度水溫泡開紅茶茶包，
再加入牛奶、果醬、白酒即可。

正統的俄羅斯奶茶是加
伏特加的，如果伏特加
不方便買到，就用一般
白酒代替。滿特別的，
可以試試看！

943
自創

精打細算指數

食材料金：10元／份
所需時間：2 分鐘
懶人指數：★ ★ ★ ★ ★
省錢指數：★ ★ ★ ★ ★
烹飪難度：初級

清冰箱果醬的優選

加味咖啡任你變──玫瑰咖啡

數年前 943 曾喝過印度玫瑰蜜加牛奶，真是好喝到不行。後來想起那個味道，於是改用咖啡試試看，非常不錯喝喔！這次玫瑰醬我用的是朋友送的埔里玫瑰花蜜茶。桂花醬也是，平常加水泡成茶，或泡成玫瑰牛奶也很好喝！

材料
（1人份）

即溶咖啡 1 包
玫瑰醬或桂花醬、草莓醬適量

貼心
小提醒

做法

以溫水泡咖啡，並加入玫瑰醬、桂花醬、草莓醬任一種。

有些三合一咖啡的甜劑和果醬並不搭，萬一甜味有衝突，最好換另一種試試看。

破 11 萬點閱人次

□ 省時
☑ 省力
☑ 省錢
☑ 不沾手
☑ 低油煙
□ 零失敗
□ 清冰箱

精打細算指數

食材料金：15 元／份
所要時間：12~24 小時
懶人指數：★★★★★
省錢指數：★★★★★
烹飪難度：中級

自己作好省錢！

超簡單自製優格 & 優酪乳

這個方法是 943 的高中老師教給學生們的祕方，多年後 943 憑著記憶做出來，其實這個方法就是以前歐洲農家製作優格的方法，不一定需要專業的機器，只要溫度對了就很容易成功！

材料（2 人份）

牛奶 1 杯（不可用優酪乳）　橡皮筋 1 條
原味優格 3 湯匙　　　　　　乾淨杯子 1 個
衛生紙 1 張

貼心小提醒

器材

微波爐

做法

01　將牛奶微波 15 秒，使牛奶溫度約在 40 度左右。

02　加入 3 湯匙原味優格，以湯匙輕輕弄碎，需用乾淨湯匙取出優格。

03　衛生紙套住杯口，以橡皮筋固定，在室溫下放置一晚即可。將優格放在另一個杯中，加水即成優酪乳。原來杯中的優格不要吃完，只要添加牛奶，就可以繼續做優格。

01　用這種做法做出來的優格是有點液狀的優格，很適合做沙拉醬的代替品。

02　夏天需時稍短，冬天則需要一整天，放得越久優格就越濃。喜歡甜味的話可以自己加糖。

03　注意：不能直接拿優格去微波喔！不然菌種就死翹翹囉！請注意容器的清潔，否則很容易做出臭酸的失敗優格。

□ 省時
□ 省力
☑ 省錢
☑ 不沾手
☑ 低油煙
☑ 零失敗
□ 清冰箱

精打細算指數

食材料金：15 元 / 份
所要時間：40 分鐘
懶人指數：★★★★☆
省錢指數：★★★★☆
烹飪難度：中級

 美白用喝的！

自己做消暑薏米水

943 最早喝到薏米水是在泰式火鍋店裡，當時對這滋味真是驚為天人啊！我平常都是把薏仁加到飯裡煮，不過偶爾還是要變換一下口味，用喝的消火又美容。有些人不喜歡大薏仁的土味，但 943 覺得煮成薏米水卻一點也沒有土味喔！

材料（2 人份）

薏仁約 120 克（約 1 個量米杯）
冰糖或砂糖

 貼心小提醒

器材

湯鍋

做法

01 薏仁洗淨，加水浸泡 1 小時。

02 濾乾薏仁浸泡的水份，湯鍋加入半鍋水，放入薏仁，以大火煮開後，轉小火煮半小時，依個人喜好加糖即可。

01 很多人買薏仁飲料改善水腫、美白肌膚，自己煮個一大鍋當水喝，保證比市售的飲料更健康！

02 薏仁去哪買最便宜呢？在傳統市場的雜糧行買一定比超市便宜喔！

☑ 省 時
☑ 省 力
☑ 省 錢
☑ 不 沾 手
☑ 低 油 煙
☐ 零 失 敗
☐ 清 冰 箱

精打細算指數

食材料金：10 元 / 5 人份
所要時間：40 分鐘
懶人指數：★★★★☆
省錢指數：★★★★★
烹飪難度：初級

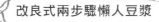 改良式兩步驟懶人豆漿

改良式兩步驟懶人豆漿

這個方法是改編自網友分享的超簡單方法，943 選擇不過濾豆漿，喝起來口感沙沙的也不錯，雖然喝的時候必須常常攪拌，不過黃豆的纖維全都在豆漿裡了，高纖豆漿反而更容易做！越懶越健康！

 材料 （5 人份）

黃豆約 500 克（用黑豆即成黑豆漿）
砂糖（份量隨自己喜好甜度增加）
果汁機
白開水

 貼心 小提醒

 器材

電鍋

果汁機

做法

01 將黃豆以電鍋煮熟，豆：水 =1:2，做法與外鍋水量和一般煮飯程序相同。

02 蒸熟的黃豆連同糖和水（豆：水 =1:2，）一起放入果汁機打碎即是懶人豆漿。若不想喝到黃豆沙可自行過濾。

01 做完豆漿的豆渣可以做豆渣炒蛋（請見 P72）等多種料理！

02 用細網洗衣袋或沒穿過的新絲襪來過濾豆渣，效果很不錯。

精打細算指數

食材料金：15 元 / 份

所要時間：1 分鐘

懶人指數：★★★★★

省錢指數：★★★★☆

烹飪難度：初級

943
自創

戀愛的滋味

唯美的漂浮布丁咖啡

有次統一布丁公司邀請 943 發想布丁創意食譜，943 想了半天，一天看到冰淇淋漂浮咖啡，靈感就來了，將冰淇淋改成布丁，造型還滿像一座漂浮在咖啡海洋中的布丁小島呢！

材料
（2 人份）

咖啡半杯（三合一可）
布丁 1 個

貼心
小提醒

做法

01　泡好半杯咖啡。

02　以細叉子輕輕將布丁邊緣與容器間的縫隙撥開，空氣進入縫隙後，布丁就很容易滑入咖啡杯中了。

用叉子撥開比用小湯匙更容易保持布丁的完整，動作要輕柔，布丁才不會跌得太重而破相喔！

☑ 省時
☐ 省力
☑ 省錢
☐ 不沾手
☑ 低油煙
☑ 零失敗
☐ 清冰箱

精打細算指數

食材料金：20 元／份
所要時間：10 分鐘
懶人指數：★★★★☆
省錢指數：★★★★☆
烹飪難度：初級

濃郁又好喝

甜甜綿密酪梨牛奶

隱藏版

943 旅行到中南美洲時發現當地人很愛吃酪梨，這種水果帶點油脂，
打成牛奶很好喝呢！

材料
（5人份）

酪梨 1 個
牛奶 1 杯
蜂蜜或砂糖 份量依個人喜好

貼心
小提醒

器材

做法

01 將酪梨削去一小塊皮，接著
以湯匙順著酪梨的弧度輕鬆
去除外皮及果核。

02 將酪梨果肉、牛奶、蜂蜜或
砂糖放入果汁機中攪打幾秒
即可。

酪梨要由綠轉變黑了才能
吃喔！喜歡超甜口味的話，
加布丁一起打更好喝喔！

果汁機

☑ 省　時
☑ 省　力
☑ 省　錢
☐ 不沾手
☑ 低油煙
☐ 零失敗
☐ 清冰箱

精打細算指數

食材料金：20 元 / 份
所需時間：5 分鐘
懶人指數：★★★★☆
省錢指數：★★★★☆
烹飪難度：初級

943
自創

戀愛的滋味

又香又有飽足感──香蕉優酪乳 隱藏版

香蕉優格是很棒的搭配，常用來做冰淇淋、蛋糕等甜點，甚至手工皂也有這種口味呢！如果把優格作成優酪乳，讓香蕉被奶香包圍，也是很有意思的變化，加點糖或切一些其他水果點綴更豐富。

材料
（2人份）

香蕉
優格或優酪乳
砂糖（依個人喜好增減）

貼心
小提醒

器材

做法

果汁機

香蕉去皮，與優格或優酪乳、糖放入果汁機攪打幾秒即可。

Yogurt

香蕉及鮮乳打成香蕉牛奶，加入果糖也很好喝！

MILK

超有Fu的節日大餐 & 狀況料理

想不想在重要的節日如情人節、聖誕節，甚至是好友的生日趴，或是闔家團圓的大日子，端出道道令人口水直流的料理呢？想做菜給對方吃又是廚房新手嗎？沒關係，本篇特別精選本書一些簡單到不行的食譜，讓你在重要節日時大顯身手，輕輕鬆鬆端出令人稱羨的料理，失敗也不容易呢！

至於新手料理，還是外宿族，家裡或辦公室沒鍋沒鏟的人，也是一樣能吃到自己做的好料！狀況來了！943——為你解決！

OH!那醬小介紹

"お姉ちゃん"音"O～ㄋㄟ～ㄐㄧ尢‧"
為日語稱呼"姐姐"之用語,在此引申為讚嘆之意～
Oh!那美味的醬料!讓便利美食更加Easy囉!

維力炸醬-
炸醬螞蟻上樹

將冬粉浸水、豬肉切末備用。
起熱油鍋,加入辣椒、蒜頭、
蔥段爆香,再加入維力炸醬,
豆瓣醬、水、糖少許,放入冬
粉,翻炒攪拌讓冬粉入味,
起鍋前再加入香油少許即可享用。

讓您從小吃到大的維力炸醬

250g維力炸醬

OH!那醬:
從小到大～維力炸醬可說是無所不在呢!
不僅拌麵好吃,以炸醬入菜更有獨特風味喔

就是要古早味的
珍味肉燥

OH!那醬:
肉燥飯是台灣超人氣美食,
珍味肉燥讓您在家就可輕鬆
享受熟悉的古早味肉燥大餐呦!

250g珍味肉燥

珍味肉燥-
梅菜肉醬蒸魚

將鱈魚片洗淨擦乾水份排入蒸盤,
梅乾菜泡水洗淨擠乾。起油鍋加入少許
薑末、梅乾菜末,再加入珍味肉燥等
調味料拌勻。將炒好的料鋪在魚片上入鍋
以大火蒸8~10分鐘。取出蒸好的魚,
灑上蔥花即可。

草本沙茶-
沙茶空心菜

取空心菜1把切段備用、將肉絲加入
鹽、醬油、香油稍微抓醃備用。
起油鍋將蒜頭、辣椒爆香後,
放入肉絲拌炒,再放入草本沙茶、空心菜、
鹽、糖等炒熟,起鍋前加少許白醋,
可讓空心菜色澤保持翠綠,
看起來更可口!

不上火、不燥熱的草本沙茶

250g草本沙茶

OH!那醬:
媽媽說傳統沙茶吃多易上火、燥熱!
多了草本配方的草本沙茶,
讓您享受更無負擔囉!

維力 ® 維力食品工業股份有限公司 監製
http://www.weilih.com.tw

 維義事業股份有限公司 總代理
消費者專線:0800-090290

搬新家,當然要召告諸親朋好友,請大家來家裡熱鬧一下,順便讓家裡充滿「人氣」,據說這樣以後運勢會順利些唰!

不過剛搬家,家裡可能還亂七八糟,加上搬家前後一定很累,應該沒有什麼力氣再煮大餐了吧!

沒關係!943 教你幾道適合搬家 Party 的料理,讓你搬完家,還能在短時間裡做出讓人垂涎三尺的好料!

西式雞湯粥
(請見 P70)

沙茶/炸醬拌麵
(請見 P73)

祕密醬汁炒飯
(請見 P74)

茶泡餃子
(請見 P77)

團圓菜：過年、端午、中秋等團圓的日子

快過年了！還在為你的年菜料理傷腦筋嗎？943 的料理中，有不少就可以當年菜用喲！而且還是輕輕鬆鬆、簡簡單單就能辦出一桌好料，一點都不需要滿身大汗、蓬頭垢面的呢！趕快拿起菜籃，到市場買材料去！今年的團圓飯，就看你大顯身手囉！

香酥雞腿
（請見 P12）

冰糖蒜翅
（請見 P22）

和風涼拌洋蔥絲
（請見 P41）

可樂里肌
（請見 P24）

蔥爆里肌
（請見 P16）

紫菜湯蒸蛋
（請見 P37）

高昇排骨
（請見 P18）

香菇雞湯
（請見 P84）

簡易三杯雞
（請見 P20）

火腿生菜捲
（請見 P42）

情人節、聖誕節、生日 Party

想趁情人節、聖誕節或男友生日，給男友一個驚喜？想做一個浪漫的燭光晚餐向女友求婚，卻不知如何下手？就讓 943 來幫你的忙！拿本書中的幾道料理來組合一下，就能有不輸五星級料理的美食，屆時女（男）友一定是超感動的啦！

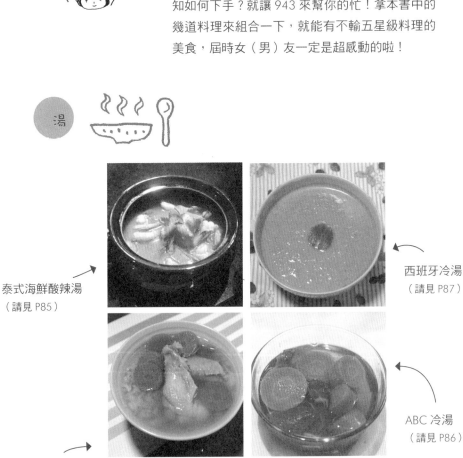

湯

泰式海鮮酸辣湯
（請見 P85）

西班牙冷湯
（請見 P87）

ABC 冷湯
（請見 P86）

西式雞湯粥
（請見 P70）

前菜

吐司披薩
（請見 P96）

可樂果脆沙拉
（請見 P91）

吐司煎蛋
（請見 P93）

火腿生菜捲
（請見 P42）

主餐

蕃茄義大利麵
（請見 P64）

天婦羅親子丼
（請見 P68）

香酥雞腿
（請見 P12）

懶人焗飯
（請見 P67）

甜點

亮膚果凍
（請見 P90）

酒釀湯圓
（請見 P92）

綠豆湯
（請見 P94）

飲料

漂浮布丁咖啡
（請見 P103）

玫瑰咖啡
（請見 P99）

俄羅斯奶茶
（請見 P98）

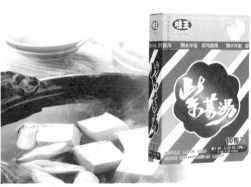

狀況來了　輕鬆料理

新手料理不知如何煮？天氣熱到不想煮？沒鍋沒鏟怎麼辦？別擔心，
943 利用書中的食譜，一一為讀者解決。

> 冰箱剩很多沒煮完的食材，
> 怎麼辦？

冰箱不知不覺就累積了好多沒用完的剩餘食材，其實把性質相近的食材集
合起來大鍋煮或大鍋炒，就可以達到清冰箱又不必出門買菜的問題呢！

 主食　　吐司披薩、祕密醬汁炒飯、西式雞湯粥、
　　　　　　　　一鍋三菜、10 分鐘 OK 的義大利麵

 配菜　　涼拌洋蔥

湯品　　ABC 湯

點心　　亮膚果凍

飲料　　俄羅斯奶茶、玫瑰咖啡

> 下班下課回來馬上就要開
> 飯，沒時間煮怎麼辦？

下班下課搭車回家早就過了用餐時間，肚子早就饑腸轆轆地咕咕叫了，快
來看看火速開飯的訣竅吧！

 主食　　懶人炒麵、保溫壺煮麵／菜、一鍋三菜、日式握飯糰、
　　　　　　　　10 分鐘蕃茄義大利麵、天婦羅親子丼、西式雞湯粥、玫
　　　　　　　　瑰醋冷麵、沙茶／炸醬拌麵、茶泡飯、科學麵脆披薩

 配菜　　冰糖蒜翅、蔥爆里肌、養樂多雞塊、紫菜湯蒸蛋、1 分鐘
　　　　　　　　超神速火腿生菜、烤雞沙拉、蒟蒻涼麵

湯品　　ABC 湯

好累／好熱喔！懶得煮飯怎麼辦？

剛回到家，累得不想煮飯，或是天氣熱到不想進廚房，這時就需要快速又省力還不會沾到手的食譜，輕輕鬆鬆搞定一餐！

主食 懶人炒麵、保溫壺煮麵／菜、日式握飯糰、天婦羅親子丼、西式雞湯粥、玫瑰醋冷麵、沙茶／炸醬拌麵、秘密醬汁炒飯、用玉米杯湯做懶人焗飯、韓式泡菜拌餃、蒟蒻涼麵麵包

配菜 香酥雞腿、印度坦都里咖哩烤雞腿、泰式涼拌蛋、涼拌洋蔥絲、1 分鐘超神速火腿生菜捲

湯品 ABC 湯

辦公室沒電鍋只有微波爐，怎麼省錢吃中餐？

吃外面太貴、帶便當又不方便蒸飯盒，難道上班族學生族就不能在辦公室或學校研究室省錢吃中餐嗎？其實 943 發現有不少好菜都是不需要開火的喔！

主食或午茶 用保溫瓶煮麵煮菜、科學麵脆披薩、用飯糰做茶泡飯、茶泡餃子、韓式泡菜拌餃、蒟蒻涼麵麵包

上班上學的地方離超市和餐廳很遠，樓下只有便利超商，也沒廚房，怎麼吃飯？

買菜不方便，最近能買到食物的地方只有超商嗎？其實用超商食材也能輕鬆把自己餵飽喔！

主食	用保溫瓶煮麵煮菜、科學麵脆披薩、用飯糰做茶泡飯、茶泡餃子
配菜	養樂多雞塊、火腿生菜捲
湯品	ABC 湯
點心	烤雞沙拉、蒟蒻涼麵麵包、韓式泡菜拌餃、可樂果脆沙拉
飲料	漂浮布丁咖啡、香蕉優酪乳

用省錢又吃得飽，怎麼辦？

省錢可不是虐待自己身體，免得現在省下的伙食費變成將來的醫藥費，那可就划不來了。其實有很多食物都是既便宜又大碗的呢！

主食	日式握飯糰、番茄義大利麵、天婦羅親子丼、西式雞湯粥、沙茶拌麵、秘密醬汁炒飯
配菜	香酥雞腿、免開瓦斯煮滷蛋、豆渣炒蛋、紫菜湯蒸蛋、泰式涼拌蛋、紅燒豆腐、涼拌洋蔥絲、涼拌甜心小黃瓜、涼拌干絲、燙地瓜葉
湯品	ABC 湯
點心	綠豆湯、黑糖地瓜薑湯
飲料	自製優格 & 優酪乳

大象手作饅頭

是蛋糕? 還是饅頭?
從未享受過的新Q感

口口起司香、Q彈有味
是您正餐、下午茶、點心健康取向最佳良伴
更是您健康伴手禮的首選

起司QQ饅頭系列商品

買10送1

正日本沖繩黑饅頭
滿1500元起免運費

好康通關密語 —943窮學生懶人食譜
活動日期 —2010／09／30 ～ 11／30

活動辦法

1. 打電話訂購接通時→請說通關密語：《943窮
學生懶人食譜》我要訂起司QQ饅頭系列商品
買10個送1個活動

2. 訂購服務電話：02-2989-8738

3. 活動日期：2010年09月30日~11月30日

蛋奶素可食

注意事項

1.贈送之1個起司QQ饅頭不能兌換現金

2.無法指定日期、時間到貨，一律以今天訂
購5天後到貨，《計起日為隔天起算》

3.若遇天災或人為不能控制之因素時，主辦
單位有權延期或調整更改活動內容

運費說明

1.為保障商品新鮮，本商品一律採「低溫宅
配」，全程保鮮

2.小紙箱運費新台幣140元

3.中紙箱運費新台幣190元

4.大紙箱運費新台幣240元

5.單次購買超過1500元以上含1500元即享
免運費

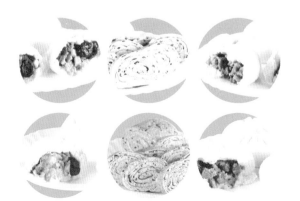

大象手作饅頭店
http://0229897416.tw.tranews.com/

廚房新手做菜怕失敗怎麼辦？

初級

剛開始下廚、新婚、開始住外面學自己煮飯，這時你需要的是零失敗的料理建立自信，就從簡單的菜開始接觸神奇的烹飪世界吧！

主食　保溫壺煮麵／菜、一鍋三菜、日式握飯糰、10 分鐘蕃茄義大利麵、科學麵脆披薩、懶人焗飯、蛤蜊蒸蛋拌飯、玫瑰醋冷麵、沙茶／炸醬拌麵、茶泡飯、茶泡餃子、火腿捲壽司、蒟蒻涼麵麵包、鳥巢稀飯、焗烤米飯披薩、韓式泡菜拌餃

配菜　印度坦都里咖哩烤雞腿、香酥雞腿、冰糖蒜翅、養樂多雞塊、免開瓦斯煮滷蛋、泰式涼拌蛋、火腿生菜捲、懶人起司烤烤樂、燙地瓜葉、涼拌洋蔥絲、酸梅蒸魚

湯品　ABC 湯、香菇雞湯、西班牙冷湯

點心　自製亮膚果凍、可樂果脆沙拉、烤雞沙拉、水果優格沙拉、涼拌大白菜、甜梅小黃瓜、綠豆湯、吐司披薩

飲料　布丁拿鐵、俄羅斯奶茶、玫瑰咖啡、懶人豆漿、漂浮布丁咖啡

沒時間顧爐火卻得煮三餐，怎麼辦？

不想一直待在廚房裡顧爐火，其實烤箱、電鍋和微波爐的定時功能就是不必顧爐火的關鍵喔！只要把食材放進去，再等「叮！」就可以吃囉！

主食　一鍋三菜、電鍋懶人炒麵、科學麵脆披薩、懶人焗飯、蛤蜊蒸蛋拌飯

配菜　冰糖蒜翅、香酥雞腿、印度坦都里咖哩烤雞腿、紫菜湯蒸蛋、泰式涼拌蛋、免開火煮滷蛋、不用開火煮就能入味的麵輪、涼拌洋蔥絲、涼拌甜心小黃瓜、火腿生菜捲、懶人起司烤烤樂、蒜蒸南瓜、烤雞沙拉

湯品　ABC 湯、香菇雞湯

Part5
沒錢也能健康吃 Q&A

常常為了做一道省錢料理而買了好多調味料和食材放在冰箱用不完嗎？做不完的食材如何再做成一道新菜？身上剩不到 1000 元，還要過一週？只剩 200 元如何過一星期？只剩 80 元如何健康多吃幾餐？一個人煮飯常常需要為了搭配剩下食材而大傷腦筋，趕快看看 943 如何應用大鍋煮的原理，輕鬆把食材搭配成新菜吃光光！讓你餐餐吃好料！

不到 1000 元如何搞定一週三餐？

讀者可利用書中的食譜，變化出一週的三餐！很簡單也很有趣！一起來試看看！不一定要按表抄課，也可以自己多加變化！

	早餐	午餐 （帶便當／在辦公室做）	晚餐
週一	吐司披薩＋豆漿	玫瑰醋冷麵	豆渣炒蛋＋沙茶拌麵＋燙青菜
週二	吐司煎蛋＋豆漿	韓式泡菜拌餃	一鍋三菜香腸飯＋香菇雞湯
週三	焗烤米飯披薩＋優酪乳	日式握飯糰＋紫菜湯蒸蛋	玉米杯湯做懶人焗飯＋西班牙冷湯

	早餐	午餐 （帶便當／在辦公室做）	晚餐
週四	地瓜薑湯＋燙青菜	10 分鐘 OK 的 蕃茄義大利麵	冰糖蒜翅＋可樂燒豆腐 ＋新疆素抓飯
週五	懶人電鍋炒麵	茶泡飯	香酥雞腿＋ ABC 湯＋ 肉燥飯
週六	西式雞湯粥	科學麵披薩＋麵輪	秘密醬汁炒飯＋泰式酸 辣湯
週日	火腿壽司捲＋優酪乳	茶泡餃子＋燙青菜	蛤蜊蒸蛋＋高昇排骨 ＋偷吃步親子丼

只剩 200 元如何過一星期？

目前手邊只剩幾包泡麵、一瓶果醬、一小袋五穀米和三罐罐頭及肉鬆，住宿的地方有電磁爐，沒有冰箱，請問如果只剩 200 元的話，要如何過一星期？

不知道你用電磁爐煮飯方不方便呢？剩下的 7 天若三餐都吃飯／麵，大約需要 21 碗飯／麵，約 1.3 公斤左右的白米或 2 公斤經濟包麵條，1 公斤米約 40 元上下，2 公斤經濟包麵條大概要 148 元，因此吃飯會比吃麵划算，建議飯麵摻雜著吃比較不會膩，以下是我給你的建議。

看你還有幾包泡麵，所以建議只補充白米即可，麵條暫時可以不用另外買。

以下為因應你的個人狀況（沒有冰箱）給的小建議：

1　以地瓜葉（時令蔬菜）應急！地瓜葉 1 斤約 15 ～ 20 元、葉菜類 3 把 50 元，如果碰到快收攤，還可以拿到更漂亮的價格（5 把 50 元）。

2　買地瓜、馬鈴薯、紅蘿蔔等根莖類，一餐一個馬鈴薯、地瓜、紅蘿蔔等，和蔬菜交替吃，變化口味，約 50 元。

3　蛋 1 天一顆，或 2 天一顆不要多，約 30 元。

4　肉醬或鮪魚罐頭，可以用電磁爐蒸熱來配飯，3 瓶約 70 元。

★這樣 7 天內每餐都有菜、飯、蛋，不用吃泡麵，建議一次煮兩餐帶便當。

只剩 80 元如何健康多吃幾餐？

身上只剩 80 元，還有六包泡麵，請教省錢達人，如何運用 80 元多活幾天？

建議去菜市場裡的米糧行，請老闆幫你配米＋蛋＋麵粉總共 80 元，例如：

1　白米 21～25 元，可以買 1.5 斤

2　雞蛋 1 斤 20～25 元（蛋價貴時可考慮豆類製品）

3　麵粉 1 斤 25 元

* 去豆腐店問有沒有豆渣，豆渣 5 公斤 0 元（這是做豆腐的剩料，多數豆腐豆漿店都會送，冷凍保存），白米 1 台斤大約可煮 10 碗飯，比泡麵飽又營養健康多了，接著是豆渣＋雞蛋＋麵粉的組合，最少可以有兩種變化：

A　雞蛋＋豆渣＝豆渣炒蛋（請見 P 36）

B　豆渣＋麵粉＝豆渣饅頭

做法在網路上很多都可以找到，沒有油也可以不加，只是做出來饅頭皺皺的
這樣每餐都有白飯配豆渣炒蛋或豆渣饅頭，80 元最少可吃飽 10 餐，至少能有頓粗飽。

註：物價隨經濟波動，請讀者依最經濟的食材購買。

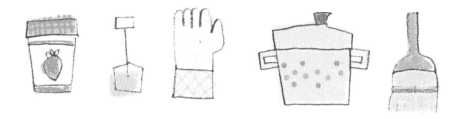

節省心法 13 招大公開！省錢省時省力小技巧

除了前面介紹的幾道節約食譜，943 還整理了省錢、省力、省資源的妙招和大家分享喔！其實很多小錢都是在隨手的小動作中節省下來的呢！小錢省多了就累積成大錢了。來看看這種省錢省時省力的小撇步吧！

第 **1** 招

節約食材的
廚房省錢 25 妙法

方法 **1**　喝剩的可樂
可樂雞腿、可樂里肌肉片、可樂豆腐、可樂豬腳......

方法 **6**　洗米水
洗碗免用洗碗精或澆花......

方法 **2**　喝剩的沒氣啤酒
啤酒燉雞腿。

方法 **7**　罐頭醬汁
煮湯、炒菜、拌飯（做法視罐頭種類而定，小心別加太多免得過鹹）。

方法 **3**　馬鈴薯皮
自製洋芋片，不削皮時可煮南洋風 ABC 湯或奶汁鮪魚焗薯片......

方法 **8**　蝦殼、魚骨、雞骨
熬高湯......

方法 **4**　蘿蔔皮或高麗菜心
煮湯、涼拌......

方法 **9**　雞湯上的油
盛起冷卻成塊狀，可當油炒菜、炒飯、炒麵、炒蛋（動物類油脂請適量攝取）

方法 **5**　洋蔥皮
煮 20 分鐘，涼後當麥茶喝，據說有治療失眠、清血、防止動脈硬化、預防高血壓、降膽固醇之效（煮太久會變苦，要加糖）。如果想讓煮出來的湯色澤美麗，可以加入洋蔥皮煮一下，湯就會變成金黃色了。

方法 **10**　口味不合或必須快用完的美乃滋和沙拉醬
炒菜、美乃滋炒飯、美乃滋炒麵、美乃滋炒蛋......

方法 **11**　口味不合或必須趕快用完的義大利沙拉醬
烤馬鈴薯淋醬、西班牙冷湯、直接拌義大利麵做醬汁......

方法
12
口味不合或必須趕快用
完的蔓越莓
加在米中煮飯變成蔓越莓
鮭魚飯便當。

方法
13
口味不合或必須趕快用
完的火腿或香腸
拿來炒蛋後加起司，變成法
蘭克福香腸起司炒蛋……

方法
14
口味不合或必須趕快用
完的果醬
歐式早餐優格加果醬。

方法
15
冰箱中想趕快用完的
食材配料
祕密醬汁炒飯、日式握飯
糰等，都很不錯！

方法
16
剩飯
加隔夜菜做成日式握飯
糰、放入挖空的蕃茄做成
迷你蕃茄焗飯、炒飯…

方法
17
煮飯的鍋底鍋巴
原鍋加水煮成稀飯，鍋子
會變得超好洗的。

方法
18
喝不完的即溶咖啡
焦糖瑪琪朵咖啡地瓜泥、
布丁拿鐵……

方法
19
用不完的鬆餅粉
用鬆餅粉做澎湖黑糖糕、
微波 3 分鐘做馬拉糕……

方法
20
硬掉乾掉的麵包
用果汁機打碎或用重物敲
碎成麵包粉，可用來烤香
酥雞腿或做西班牙冷湯。

方法
21
做完豆漿的豆渣
做豆渣漢堡肉、豆
渣炒蛋……

方法
22
做豆漿用不完的黑豆
韓國黑豆茶＆零嘴烤黑
豆、黑豆飯……

方法
23
超市的包裝保鮮膜
小心取下洗淨以重複使
用，也可包日式握飯
糰……

方法
24
烤過的錫箔紙
做成烤雞腿防被滴油浸溼
的墊高物……

方法
25
裝蒜頭的網袋
做沙拉時可用來輕鬆切
碎白煮蛋。

第 2 招

省錢節約料理
10 大訣竅

訣竅

1

3日份

一次煮一大鍋

煮個兩三種 2～3 天份的食物替換著吃，香菇肉燥飯、簡易三杯雞、冰糖蒜翅、高昇排骨、蔥爆里肌、可樂里肌肉片。

訣竅

2

+ rice

一鍋三菜省燃料費

用電鍋一次搞定香腸 + 青菜 + 白飯......

訣竅

3

利用餘溫燜煮省燃料費

用好幾層報紙和毛毯變出免費的燜燒鍋、煮飯時會順便用電鍋煮飯的溫度蒸熟饅頭麵糰，這樣明天早餐就有饅頭吃，也可以用餘溫燜熟易熟的小白菜、青江菜。煮麵五分熟時就可熄火燜到熟，軟度也剛好。或用保溫瓶煮麵煮菜。

訣竅

4

浸泡省燃料費

滷肉、蛋、豆腐前先以醬油醃肉減少烹煮入味時間，免開火一小魚乾泡成鮮高湯、免開火做滷蛋。

訣竅

5

善用冰箱內的剩菜
或材料變花樣

利用大鍋煮的料理快快把剩餘材料
吃完，如日式握飯糰、炒飯、電子
鍋懶人炒麵、免沾手吐司披薩、紫
菜湯包快速做蒸蛋。

訣竅

6

選擇特價品或便宜食材

平時常注意便宜食材的食譜，再自
己做變化搭配。例如洋蔥、紅蘿
蔔、蕃茄、鮪魚罐頭、湯罐頭、冷
凍食品……便宜的麵粉可做出非常
多料理，包子饅頭等。烤地瓜、南
洋風 ABC 湯。

訣竅

7

善用乾貨

許多乾貨並不貴又能增加食物美
味，例如香菇、紫菜、海帶芽、蝦
米、小魚乾等，隨手撒一點就非常
美味，帶到國外不至太重，也不用
擺冰箱佔空間。

訣竅

8

善用冷凍櫃

洋蔥一次炒多一點冰在冷凍庫，炒
蛋時拿出來炒一炒即可。高湯、飯
和肉燥一次煮多一點，冰在冷凍櫃
可以放好幾週。

訣竅

9

 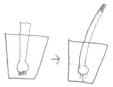

自己動手做

自己種蔥、超簡單自製優格＆優
酪乳、自製豆漿、孵豆芽。

訣竅

10

充分利用食材

請見節約食材的廚房省錢 25 招。

颱風蔬菜漲價
7大省錢對策

第3招

每到颱風天豪雨天，蔬菜價格就會大漲。有時明明颱風還沒來，卻也受到預期心理的影響，颱風豪雨還沒到，蔬果漲價風就已經開始吹了好幾天。要怎樣才不會被漲價的「颱風尾」掃到呢？有幾個方法可以試試：

對策
1

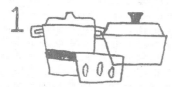

颱風季節來臨前先準備「存糧」
煮個兩、三種 2～3 天份的食物替換著吃，同一次煮一大鍋的料理一樣。

對策
2

不跟風買漲價蔬果
電視新聞常常在颱風天播報因風災而受影響的蔬果有多貴，不過其實新聞通常都會挑漲得比較明顯的東西來報導，所以事實上不必因此造成恐慌。颱風天那兩三天，比平常少吃一道葉菜類也不會怎樣，可以用根莖類、豆類蔬菜替代，或等颱風天過後再補回來也是可以，真的無須過度恐慌搶購。

對策
3

大賣場、有機溫室蔬菜、進口蔬菜還有平時價
現在越來越多人知道要去大賣場買平時價的冷藏菜了，一些有機蔬菜、有些產地直送供貨也很平穩，其實颱風天多半是批發商在漲價，辛苦種菜的農夫受益不多。

對策 4

以豆芽、豆類、冷凍蔬菜、根莖類、泡菜、玉米罐頭替代

既然新聞多半挑漲得比較明顯的報導，表示其實還是有不少蔬菜沒有嚴重漲價，例如在室內栽培的豆芽、豆類及蔬菜、冷凍蔬菜（玉米、紅蘿蔔、青豆等）、玉米罐頭、泡菜、乾燥蔬菜、乾海帶等，甚至水餃裡也有一點點蔬菜，很多口味都可以應應急。

對策 5

少吃一道菜、多喝一碗綠豆湯

一定要在颱風天吃葉菜嗎？943 在颱風天時常以「少吃一道菜、多喝一碗綠豆湯」的概念度日，也沒有減少什麼生活品質或纖維質。颱風天又不是每次都持續一個禮拜以上，偶一為之並不影響。

對策 6

自己孵豆芽

現在很多都市人已經開始身體力行在陽台種菜了，而對身居斗室的上班族而言，不一定要自己種菜，平常孵孵豆芽、種種蔥也是不難。

對策 7

自己做泡菜

涼拌小黃瓜，還有高麗菜也很適合，颱風季節來臨前先做好一些冷藏起來，颱風天來了就可以不用被海削囉！

搶救失敗料理
5 大絕招

失敗

1

太鹹的時候……

搶救絕招：
1. 加水。
2. 若加水會讓湯變得更難吃時，放更多食材進去也可以喔！
3. 勾芡。

失敗

2

太油的時候……

搶救絕招：
1. 加蛋，蛋很會吸油。
2. 若是煮湯的話，撒一把乾海苔或海帶芽就可以。

失敗

3

白飯／麵／通心粉變硬時……

搶救絕招：
1. 加入高湯再放回冰箱冰半天或一天。
2. 沒有現成高湯，可加入剩菜的湯汁再加點水冰回冰箱半天或一天

失敗

4

麵包變硬時……

搶救絕招：
1. 在麵包上撒點水微波或烤。
2. 加其他材料煮成麵包湯。

失敗

5

燒焦了的時候……

搶救絕招：
若焦掉的部份不多，把沒燒焦的部份加水後再微波至水分收乾，吃起來就比較沒有燒焦的味道。

省冰箱電費 3 奇招

943 認為其實要省冰箱的電費很簡單，不外乎幾個原則：減少開關次數和時間、冰箱內容物不要太多（當然也不要放溫熱的東西），太舊的壓縮機要保養或汰換等等。

招數

1

減少冰箱開啟

減少冰箱開啟的時間有幾種方法，例如拿取冰箱內食物的動作快、冰箱內依位置將食物分門別類放置等等，小小動作就可以省下不少電費。可別瞧不起一元兩元的水電費，日子一久，聚沙成塔也是很可觀的費用，在賺錢不容易的時候，省錢還比賺錢容易呢！

招數

2

提早分盤或裝盤

如果飯鍋內只剩下兩餐飯的份量，可以提早盛碗，這樣可以減少下一餐開啟冰箱門、把飯鍋拿出來盛好飯再重新放入冰箱時所耗費的電費。菜也是一樣，如果盤子裡只剩下一餐份的菜，也可以把飯加進來一起冷藏，就有吃簡餐的感覺了，這樣下一餐就只需要取出盤子，而不需要花費較長的時間取出盤子和飯鍋。

招數

3

943 自創

設計冰箱內容物備忘板

另外，在冰箱門上設一個「冰箱內容物備忘板」也是很好用的做法，943 做過「用雨傘套幫冰箱省電──冰箱內食物一目了然」的方法，完全不花一毛錢，也可以讓原本用過即丟的雨傘套有了第二個用途。

懶人料理的
省力省時 12 妙招

第 6 招

招數
1
選擇現成的食材

剩菜剩飯可做日式握飯糰、迷你蕃茄焗飯 - 剩飯新吃法。現成食材或湯包可做懶人義式茄汁焗飯、法蘭克福香腸起司炒蛋、紫菜湯包快速做蒸蛋。

招數
2
選擇可生食的食材

生的小蕃茄直接入菜做義大利麵、海苔芝麻鮪魚沙拉、1 分鐘超神速火腿生菜捲。

招數
3
選擇好洗、好去皮甚至免削皮的食材

洋蔥、紅蘿蔔、蕃茄、馬鈴薯。蒸玉米、日式乳酪蜜汁烤南瓜、烤地瓜、南洋風 ABC 湯。

招數
4
選擇免切的食材

如豆芽、蝦米，免用菜刀的懶人台式炒米粉。

招數
5

善用工具

用廚房剪刀剪蔥或長條狀食材，就可以不用洗砧板。或用蔬菜調理器讓切片切絲更快速省力。馬鈴薯皮變身自製洋芋片、塑膠袋輕鬆沾粉做免洗免切低油不用鍋的香酥雞腿、用網袋輕鬆切蛋做沙拉。

招數
6

善用祕方

平常多留意美食節目和書籍都會教的快速退冰法、快速泡香菇法等就能節省烹飪時間。

訣竅

7

以蒸烤滷微波代替炒炸煎：利用方便的烹調工具如微波爐、電鍋、烤箱，亦可免顧爐火之苦。

微波爐：用微波爐輕鬆煎培根、用微波爐輕鬆煮義大利麵、用微波爐輕鬆煮飯不沾黏、蒜脆花椰、3 分鐘馬拉糕、紫菜湯蒸蛋、用鬆餅粉做澎湖黑糖糕、冰糖蒜翅。

電鍋：香菇雞湯、電子鍋做懶人炒麵、月見香椿醬拌麵、蒸蕃薯、蒸玉米。

烤箱：免洗免切低油不用鍋的香酥雞腿、蒜脆花椰、奶汁鮪魚焗薯片、日式乳酪蜜汁烤南瓜、馬鈴薯皮變身自製洋芋片、烤地瓜、韓國黑豆茶 & 零嘴烤黑豆。

訣竅

8

一鍋多菜，節省燃料費
一鍋三菜、搭便車電鍋煮蛋等。

訣竅

9

一次煮兩三天份、加一匙多一味
滷一鍋自行變化菜色。香菇肉燥飯、簡易三杯雞、冰糖蒜翅、高昇排骨、蔥爆里肌、可樂里肌肉片等，加一匙醋，紅燒變糖醋，馬上多一味。

訣竅

10

利用食物做烤皿免洗碗
蕃茄、南瓜、青椒等內部挖空便可做烤皿，如迷你蕃茄焗飯。

訣竅

11

左右開弓
例如用瓦斯爐滷肉時，同時以電鍋、微波爐做菜。同時注意烹調順序，費時久的先煮，就可同時進行要洗要切的第二道菜。

招數

12

浸泡入味
滷蛋浸泡在醬油內免開火滷，小魚乾泡成鮮高湯。

第 **7** 招

洗碗盤
快速節省妙法

方法

1

基礎版

免用洗碗精的省水洗碗，只要掌握「越油膩的越晚洗」的順序，就可以只用少少的水洗完一堆碗盤喔！

1. 洗菜或洗米剩下的水不要倒掉，用臉盆裝著。

2. 飯前用這盆水洗抹布擦桌子。飯後用同一盆水先洗抹布好擦桌。

3. 用過的塑膠袋或保鮮膜或餐巾紙或果皮（如柳丁皮）將碗盤、筷匙、鍋子上的廚餘和油脂擦掉，再將碗盤筷匙浸入水盆中以洗碗布刷洗。

4. 刷好的碗盤放旁邊等待沖淨，臉盆中洗過碗盤的水倒入鍋中繼續刷鍋子，最油膩的最後洗。

5. 將洗過一次碗盤和一次鍋子的髒水從鍋中倒掉，將還沒洗好的鍋子放在水龍頭下接水。先沖乾淨碗盤，讓沖碗盤的水流入躺在水龍頭下的鍋子裡，利用這些水將鍋子再刷一遍，最後迅速沖乾淨鍋子即可。所有鍋碗瓢盆就可以通通洗得乾乾淨淨囉！

方法

2 **進化版**

若洗碗時沒有事先洗米或洗菜剩下的水，也可以只用一個臉盆的水洗完一桌鍋碗瓢盆。先取一個乾的臉盆或洗菜塑膠盆（高約 20 公分、直徑 30 公分左右），擠一下洗碗精在裡面（不超過 5 公分長），再一面加水、一面用力用刷子刷出泡沫，水加到二分滿即可關水。

將碗盤一個一個放入盆內刷洗，順序為不油→油膩、小→大，再倒出一點刷洗鍋子，把所有刷乾淨等待沖洗的碗盤放一邊，先沖洗大的鍋

子，將鍋子快速沖乾淨後，將臉盆內的髒水倒掉，讓盆子接住沖洗碗盤而流出來的水，先沖洗好的，盆內的水到六分滿時，關掉水龍頭利用盆中九成的水將還未沖乾淨的碗盤放入盆中再刷洗一次，接著打開水龍頭，將這些沖洗一次的碗盤再度用流動的清水沖洗乾淨，全部洗完時盆內的水差不多八九分滿，水也還算乾淨，可以拿去沖馬桶喔！

這樣總共有用到的水就只有一個臉盆那麼多，除了大約兩成的水是髒水倒掉以外，其他都可以拿來沖馬桶。用這個方法我總共洗了八個碗、三個盤子、兩個鍋子、八雙筷子、四副湯匙、三個杯子。

方法

3

1 水 3 用

「1 水 3 用」的方法其實很簡單，首先，擺一個臉盆之類的容器在廚房和浴室的水龍頭底下接水，每次洗手或洗水果等等的時候，讓這些還很乾淨的水直接流到下水道實在太可惜了，可以用容器將流水盛起來，等到洗碗前，先以果皮或餐巾紙刮掉碗盤上的油汙，刷上泡沫，將碗盤一一放入盆中以水洗淨，最後再打開水龍頭以流水快速沖淨碗盤。如果這時盆裡的水並不油，那麼這盆已經洗過手和碗盤的水就還可以有第三個用途，那就是拿去沖馬桶。如果水已經很油了，那麼拿來沖洗洗碗槽也剛剛好。

因此以上提到的方法可以歸納為下面三行：

水的第一用：從水龍頭流出的水，用來洗手或洗水果等（此時將水以臉盆接住）。
水的第二用：將碗盤放在臉盆內的水中刷洗（洗碗前先刮掉油汙，刷上泡沫再以臉盆中的水洗淨）。
水的第三用：將臉盆洗過手、水果和碗盤後仍不油的水拿去沖馬桶，較油膩的水直接清洗洗碗槽。

除了以洗手水、洗碗水沖馬桶外，每天洗澡前等待水變熱前的冷水，當然也可以用水桶裝起來沖馬桶，而且要對準馬桶裡的斜坡面沖水，因為這樣沖水時的水流漩渦所接觸到的面積較小，不易產生汙垢，清洗馬桶時比較容易。

第 8 招

省錢消暑
7 涼方

943 的夏天幾乎是不太開冷氣的，可能有人聽了會覺得好會忍耐，可是其實完全沒有委屈自己忍耐炎熱，只是用了以下幾種省錢消暑良方，再加上坐北朝南的房子冬暖夏涼，每天晚上都睡得很舒服：.

涼方

1

睡蓆子

無論草蓆、竹蓆、其他材質涼蓆都值得一試。943 到集集旅行時住民宿睡過大理石的涼蓆，真是超涼！不過就是有點硬，還是草蓆竹蓆好！

涼方

2

改穿絲質衣服

以前夏天都穿棉的麻的，自從有次親友送了幾件旅行時買的絲質睡衣，價錢不貴但穿起來非常透氣涼爽，沒有棉質衣物那種悶熱感。

涼方

3

睡前再沖一次澡

沖一下冷水也不錯。這樣就能感覺很清涼，一覺到天亮。

涼方

4

開電扇

不直接對著人吹，最好是吹比床高一點的高度，維持通風又不直接吹到人。

涼方

5

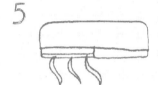

開冷氣

不需要開整個晚上，通常到了半夜三四點以後會轉涼，開了冷氣到了凌晨多半會覺得冷，所以如果設定睡覺時吹 2~3 個小時，冷氣自動停止以後還是會維持幾個小時的冷度。

涼方

6

到圖書館吹冷氣

平常不是睡覺的時候，也有一些消暑方法。最省錢的方法當然就是去圖書館吹冷氣，不用花錢也不會逛到想花錢。

涼方

7

電扇 + 濕毛巾

如果是必須留在家裡的人，除了電扇以外，也可以準備一條濕毛巾，熱的時候擦一擦身體就有接近沖澡的涼爽度，這樣做的優點是可以不用一天洗太多次澡對皮膚不好，也比較省水，但還是很涼爽喔！

省錢保暖 12 法

天寒地凍，怎樣保暖才是既不花大錢又能保持溫暖的好方法呢？943 要和大家分享冬天省錢的小撇步。

方法 **1**

隨時拉上拉門

小房間比大房間暖，有拉門就拉上拉門，沒拉門就把門關上、厚窗簾拉上、大片瓦楞紙（紙箱攤平）擋住落地窗，尤其是朝北的窗戶，非常有效。

方法 **2**

鋪地毯

瓷磚地板比木頭地板冷，冬天可鋪地毯補救、地毯下方鋪一層報紙，效果更好。

方法 **3**

喝熱湯

熱湯比喝熱茶熱水都暖，喝酒只能暖一時，久了還是變冷，喝帶有油脂的湯才是熱呼呼。

方法 **4**

注重手腳保暖

在室內時手腳保暖，手套毛襪並用，身體就不用穿那麼多。

方法 **5**

室外頭部保暖

到室外時再加頭耳頸部重點保暖，可以不用穿得像北極熊。

方法 **6**

連帽衣

毛帽不防風，最好穿連帽衣較保暖，可遮住口鼻者更佳。

方法
7

肚子要保暖

記得小時候長輩會給我們套一件圓筒狀的毛線肚兜保暖肚子，以及穿衛生褲，家裡有小朋友的話可以試試看。

方法
8

洋蔥式穿衣

薄衣數件比一件厚衣保暖、若衣服不夠暖，兩件衛生衣褲、兩件毛襪重疊穿都可以救急。

方法
9

睡前洗熱水澡

睡前洗熱水澡或用很熱的水泡腳，可解決手腳冰冷不易入睡的問題。穿襪子睡更暖，若喜歡透氣也可以只穿10分鐘，腳暖了就可不用穿著睡了。

方法
10

棉被不再冷冰冰

解決棉被冷冰冰可在棉被和身體之間加一層小被子，毛織或壓克力小毯都可，就不會冰了。棉被定期曝曬敲鬆棉花較保暖。

方法
11 943 自創

睡褲鬆了解決法

穿久常會有褲管鬆弛以致小腿無法保暖的問題，可把不要的舊襪子剪掉，將鬆緊帶的部份套在褲管上固定，就可以解決睡到半夜褲管捲起著涼的問題了。

方法
12

熱水袋超好用

用熱水袋比暖暖包省錢又環保、用保溫瓶比飲水機、加熱盤、微波爐都保溫省電，隨時可以喝到熱水。鼻水連連時就表示該喝熱水或熱湯了，熱湯比暖暖包有效。

第10招

其他快速
節省妙法

方法

1

快速退冰法—鍋子大妙用

　冷凍過的食物往往要花很長的時間退冰，用水泡常會把食物泡到失去原味，用微波爐又常會弄成外表煮熟、中心卻仍是硬冰塊的窘境。介紹一個在電視上看到一個快速退冰法，只要花平常不到一半的時間就可以快速退冰囉！

把要退冰的食物用一個金屬的鍋子或盆子盛著，食物上面再以另一個金屬製的容器壓著，就像「出」字形一樣疊著，利用金屬傳導快速的原理迅速散熱，同時鍋子又有很大的表面積接觸到空氣，就可以很快的退冰囉！

※ 記得在退冰食材底下墊個東西，免得退冰後溶化的水到處流喔！

退冰物

方法

2

943
自創

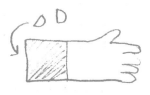

快速剝蒜頭懶方法

快速剝蒜頭皮，只要把蒜頭幾顆丟進手套裡，然後像洗衣搓肥皂那樣將手套放在桌面上來回搓揉。利用塑膠材質的高摩擦力，蒜頭皮馬上就可以剝下來囉！

方法

3

943
自創

快速開罐法

橡膠手套拿來轉開罐頭超輕鬆！摩擦力原理萬歲！943 通常是左右開弓，兩手都戴上手套，讓蓋子和瓶身都用手套當布來轉（手不一定要套進手套），保證馬上就能轉開非常難開的罐頭或瓶蓋喔！

方法

4

廢物利用

過期精油或咖啡渣或無糖茶包放在鞋櫃或櫥櫃中除臭、過期太久的洗髮精及清潔劑可沖馬桶當芳香劑（洗髮精通常有護髮物質，所以不要加入馬桶儲水槽，直接倒一點即可）、硬掉的香皂拿來洗碗、舊報紙或木炭放在櫥櫃中可除溼（需定期更換）、大包麵條的夾鏈袋用來保存海苔、舊抹布當浴室外腳踏墊、用過期 DM 做 0 元燈罩及裝飾用紙箱做的家具等等。

方法

5

快速泡香菇

在網路上看到這個不錯的方法，親身試驗覺得不錯以後介紹給大家：

快速泡香菇法 1：

將香菇和溫水放在一個罐子裡用力搖晃，水的衝力就能讓香菇在短時間內變得軟軟的喔！

快速泡香菇法 2：

泡香菇時加上一小匙糖，沒多久就泡開了，冷水或溫水都可以，不需要用力搖晃，沒多久就可以把乾香菇發開囉！香菇也不會變得甜甜的呢！

第 11 招

943 常用的
好物推薦

平時有準備，遇到狀況就不煩惱

有些食材便宜又容易料理，更容易做變化，上市場時多買一些當作平時儲備糧食，很方便的！

喝剩的可樂

可樂雞腿、可樂里肌肉片、可樂豆腐、可樂豬腳……

米飯

無論在台灣或歐美，米是最便宜的主食，比起富含水分又必須削皮、且不耐久放的馬鈴薯還省錢又方便，米飯搭配什麼都好吃，火速做點小菜也能變出一碗丼飯呢。

麵條

中式麵條和義大利麵都適合拌好吃的醬料來吃，例如沙茶醬拌麵、義大利麵拌少量義式沙拉醬（當沙拉吃），味道很不錯。

地瓜

地瓜是清腸胃的好幫手，943 通常會用電鍋煮飯時把地瓜放在蒸架上搭便車蒸熟，放涼冷藏後隔天當早餐。

紅蘿蔔

紅蘿蔔在各國都很普及，943 走到各國都發現紅蘿蔔在當地的售價並不貴。尤其適合各種煮法，能蒸能炒能生吃、也能煮湯。搭配馬鈴薯煮肉燥或搭配生菜做沙拉、炒青菜都很適合。

地瓜葉

地瓜葉中的纖維非常多，會幫助排便通暢，尤其地瓜葉易熟的特性很容易料理，丟入滾水中煮一分鐘就熟，就算浸泡滾水五分鐘也能「泡」熟，是很方便的食材。只可惜隔餐吃不美味，煮久容易變黑，但不加蓋煮就比較不容易變色。

各式罐頭
罐頭是快速料理的利器，偶爾用鮪魚罐頭、玉米罐頭、肉醬罐頭等，快速就能做出好菜。罐頭是最常見的祭祀用品，因此中元節檔期是一年當中罐頭最低價的時間，各大賣場及廠商都會在中元普渡推出最低折扣，要買罐頭就要趁中元節之前一次把一年份買齊，無論做料理或渡過颱風季節都很適合。

蝦米
少了蝦米，很多台灣菜就失去原味了。蝦米很好用，炒菜時爆香就好好吃了。

香菇
香菇也是充滿好味道的靈魂級食材，煮湯炒菜有了香菇就成功一大半了，肉燥全靠香菇這一味啦。

醬油膏
好的醬油膏可以讓食物變得好好吃，943只吃西螺傳統純天然釀造的黑豆蔭油，拿來燉煮或沾著吃都很優。

泰國甜雞醬
其實就是泰式風味的甜辣醬，很清爽很好吃，943最喜歡拿來沾白煮蛋、涼筍等涼拌菜，很好搭配。

沙茶醬
某老牌子的沙茶醬是943出國留學行李的必備品喔！不管再重也要運幾罐，一小匙就有滿滿的家鄉味。沙茶醬的用途很多，無論吃火鍋或拌麵、拌燙青菜都很棒。

韓國泡菜罐頭
韓國泡菜也是很好配菜的東西，943常把韓式泡菜當作調味料來加在水餃、關東煮或涮涮鍋肉片裡，非常下飯呢！

省錢好網路，要會用

ePrice 網
http://www.eprice.com.tw
提供：手機、相機、筆電、機車比價

手機王
http://www.sogi.com.tw/price/
提供：手機比價

翻書客
http://findbook.tw/
提供：買書比價

背包客棧
http://www.backpackers.com.tw/forum/
提供：背包客的自助旅行論壇，豐富的旅行資訊

電費計算
http://0123456789.tw/CALHTML/calpower.html

房貸試算
http://0123456789.tw/CALHTML/houseb.html

股票買賣損益計算
http://0123456789.tw/CALHTML/STOCKB.html

緯來日本台節目「超省時生活」
http://tjapan.videoland.com.tw/channel/jitan_s/

國內二手廢紙價格走勢圖
http://jsjustweb.jihsun.com.tw/z/ze/zeq/zeqa_D0190150.asp.htm

以物易物交換網
http://www.e1515.com.tw

AccuRadio
http://www.accuradio.com/
提供：線上免費收聽各類音樂的網路廣播

即品網
http://www.foodoutlet.com.tw
提供：以市價 5 折、3 折買到保存期限剩下半年到一年的良品。

愛合購
http://www.ihergo.com/
提供：團購折價，但小心別買過量。

贈物網
http://www.give543.com
提供：家中用不到的東西可放上網免費贈送，也可索取別人不用的物品。

好康挖挖哇
http://www.digwow.com/
提供：各種好康優惠贈送資訊分享。

第 **13** 招

家中舊愛何處去？
全台公益機構需求表

物資需求會隨時間改變，務必先聯絡確認、清潔整理後再致贈，以免造成義工們的工作負擔。破舊或不易使用的物品請勿捐贈，將心比心。

到府回收舊衣
【台北】台北市心理復健家屬聯合協會
回收專線：02-2366-0472
【新竹】新竹市脊髓損傷者協會
回收專線：03-526-0112
【台中】台中智障者家長協會，請至該協會網站留言。

全國公益機構
全國家扶中心 http://www.ccf.org.tw/
【北部】
桃園縣庭芳啟智教養院
http://www.tinfun.org.tw/
台北市忠義育幼院
http://www.cybaby.org.tw/
北市私立體惠育幼院 http://www.tihwei.org.tw/
台北心路基金會 http://web.syinlu.org.tw/
伊甸基金會 http://www.eden.org.tw/
【中部】
台中惠明 (盲人) 學校
http://www.hueiming.org/
台中光音育幼院 http://tinyurl.com/
台中育嬰院 http://tinyurl.com/2ytwjp
【南部】
台南市瑞復益智中心 http://www.straphael.org.tw/
高雄紅十字育幼中心 http://tinyurl.com/yhdk44v
台南縣菩提林教養院
http://www.putting-lee.org.tw/
屏東精忠育幼院
http://tw.myblog.yahoo.com/jingjong7448/
屏東伯大尼之家 http://www.bethany-pt.org/
【東部】
蘭嶼居家關懷協會
http://www.kokai.org.tw/donation1.htm
台東知本美麗書屋
http://tw.myblog.yahoo.com/chihpen/
花蓮禪光育幼院 http://tinyurl.com/2v6cpf

各單位需求列表／依物資
◎募集『衛生紙』
台南市瑞復益智中心
http://www.straphael.org.tw/
花蓮禪光育幼院 http://tinyurl.com/2v6cpf
心路金龍發展中心
http://web.syinlu.org.tw/07help/help_2.asp
◎募電腦或電腦周邊物品
台東知本美麗書
http://tw.myblog.yahoo.com/chihpen/
花蓮禪光育幼院 http://www.zenlight.org.tw
高雄紅十字育幼中心
http://www.khhredcross.org.tw
向上福利基金會
http://www.child-home.org.tw/
台北心路基金會 http://web.syinlu.org.tw/
伊甸基金會 http://www.eden.org.tw/
綠色奇蹟 http://www.3c-dr.com.tw/
◎募書
花蓮禪光育幼院 http://www.zenlight.org.tw/
台北市文山職能工作坊之二手書屋
http://tw.myblog.yahoo.com/wenshan-117/
田哲益探索文化研究室 (協助成立南投縣布農族圖書閱覽室)
http://bimaten.myweb.hinet.net/
書香再傳 http://book.nctu.edu.tw/
陽光基金會捐贈二手書活動
http://book.sunshine.org.tw/How.asp
◎募發票
心路社會福利基金會 www.syinlu.org.tw/
蘭嶼居家關懷協會
http://www.kokai.org.tw/donation1.htm
苗栗縣華嚴啟能中心 http://www.hydc.org.tw/
財團法人新竹市私立愛恆啟能中心
http://www.aiheng.url.tw/myaiheng/support.php
＊中華民國兒童癌症基金會
http://www.ccfroc.org.tw/

後記

943 省錢過生活大公開！
就是省的生活 吃喝玩樂樣樣不缺

很多人或許會認為這些省錢法則也許只是嘴上說說，但事實上這是我已經實行多年的省錢過生活方法，以下分享的經驗是我真實在台灣生活的模式，包含了食衣住行，大家可以參考一下。

食

1. 不花錢買飲料：
很多包裝飲料都是用地下水做的，不如自己買茶葉來泡，白開水最健康。

2. 自己煮飯：
蔬果營養又好吃、以前覺得必吃的蛋奶肉，943 後來發現其實不用吃那麼多，健康又省錢。兩三種菜色煮一大鍋，可替換吃兩天，簡單又營養。成功挑戰過一個月買菜錢 500 元的生活（2008 年初回台北期間，上黃昏市場自己煮素菜，吃得不錯）、一週生活費 10 英鎊（現約新台幣 500 元）的生活（在英國，含購物、交通、買菜錢，每天都有雞腿、義大利麵、蛋糕甜點可吃）。

3. 省瓦斯＆電費：
★用電鍋煮飯順便蒸其他菜。例如把水煮蛋放在米上蒸熟，再浸醬油做免開火滷蛋、順便蒸熟地瓜，或自製麵點當宵夜或隔天早餐。
★煮麵到 7 分熟時熄火燜 5 ～ 10 分鐘，硬度剛好。青江菜、小白菜、A 菜、地瓜葉等易熟蔬菜不用開火煮水燙，電子鍋跳起後迅速將洗揀好的菜丟入再關上鍋蓋，5 分鐘即可燜熟沾醬吃（無須使用保溫功能），完全不耗費能源。
★用保溫瓶以滾水將麵和配料燜熟，完全不多花瓦斯費煮麵。
★用保溫瓶取代飲水機、加熱盤，也可省下每次喝水用微波爐的電費，冬天也能隨時喝到熱水。
★自己孵豆芽、用水瓶種蔥及其他省燃料費方式，請見 P132 省錢節約料理 10 大訣竅。
★若要外食，大學附近通常有很多便宜又大碗的美食小吃。
★不用保鮮膜：改用鍋蓋、盤子、乾淨塑膠袋包，用完後洗一洗還可以繼續使用。
★節省錫箔／鋁箔紙：除非沾滿食物油漬，否則若是烤花枝丸、烤香菇等食材，其實還可再利用，可將用過的一面往內包，四周反折鎖緊，乾淨的一面即可繼續使用，一張可用數次，減少垃圾污染。

衣

1 需求不多所以很少買衣服。要買時買品質好的衣鞋可以穿很久。
2 襪子一次買同花色的好幾雙，少一隻也能湊對繼續穿，完全不浪費。
3 自己剪髮：反正 943 的髮質無論剪了多好看的髮型最後也只能綁馬尾。自己剪很省，
  已經 N 年沒上美容院了，若家人互剪還可增進親情。

住

1. 用紙箱 DIY 家具：

943 搬家 N 次沒花錢買過家具，都是用紙箱做置物櫃抽屜、書架、CD 架、鞋架、垃圾
桶。用紙盒做筆筒、抽屜分隔盒、各種收納盒。絕不花錢買塑膠製品，省錢又環保。每
次到超市都會順便挑美觀又堅固的紙箱紙盒。用在學校拿的過期英文報紙當包裝紙，看
起來有書卷氣又省錢，家具色調也統一。紙箱紙盒做家具的好處有三：一是省錢又環保。
二是搬家的時候直接封箱不用另外打包，三是搬家時紙盒紙箱若不要了也可以直接回收，
節省搬一堆大型家具的體積和重量。

2. 省水：

★廚房水龍頭底下也放個臉盆接住洗碗的流水，當日內洗其他碗盤時就可直接放入水中
  搓洗，比用流動的水節省，洗完後當日內沖馬桶，一水三用。
★淋浴或洗手洗碗時把水用臉盆或水桶盛住，用來沖馬桶。洗澡前的冷水沖馬桶、洗澡
  水刷地板（先塞住排水孔）、第一輪洗菜水在洗完抹布後沖馬桶、第二輪洗菜水當洗
  碗的第一輪水，第二輪洗碗水則沖馬桶，洗米水澆花或洗碗。馬桶水箱裡放玻璃瓶減
  少用水。 沖馬桶也有祕訣，對準斜坡面沖水，這樣髒水接觸到馬桶的面積較小，不容
  易髒。
★淋浴的洗澡水要儲存很簡單：在蓮蓬頭和站立處中間放一臉盆或水桶，洗澡時抬手抬
  腿洗，就連洗背部時也能接住大部分的用水，只要小心防滑即可。

3. 省電：

夏天盡量在外面書店看書吹冷氣，在家用濕毛巾擦身上可保持乾爽，沖澡也很消暑，整個夏天都不用開冷氣。將冰箱內容物列清單貼在冰箱門上，看好要拿什麼再開冰箱，透明大塑膠袋或用過的雨傘套剪開貼在冰箱內部做條狀透明簾防止冷氣外洩。

4. 買電器省錢：

以 2 折價買電器其實很簡單，先用 5 折價買入二手的耐用廠牌（幾乎是沒幾次就打算脫手的九成新物品），好好愛惜使用，不用時還可以二手價 3 折賣出，這樣等於只花 2 折價買電器。選擇信譽好的廠牌可賣好價錢也容易脫手。

5. 省衛生紙：

衛生紙撕一半再用，夏天時仿效新加坡人用蓮蓬頭充當免治馬桶，省錢又環保。

6. 省洗碗精：

夜市有賣一種特殊的 20 元洗碗布 (珍珠布)，布的材質會輕易的把油脂帶走，所以除非很油否則不需要清潔劑，可以減少吃進化學清潔劑的機會。平常洗米水就可以留起來洗比較油膩的碗盤。

7. 省洗髮精：

到化工材料行買無香精洗髮精，僅市售洗髮精 1/3 價。或用手工皂取代洗髮精、洗面乳、沐浴乳，一塊只要 18 元從頭洗到腳，不怕化學物質危害人體。自己 DIY 香皂更好！

8. 除濕除臭：

用舊報紙吸收櫥櫃濕氣，或過期咖啡豆打碎裝在舊襪子中可除鞋櫃臭味，完全不用花錢。朋友送的精油蠟燭放在薰香燈內可去鞋櫃味道（但要非常小心，每層不可放超過 3 分鐘以免隔板溫度太高起火）。

9. 以物易物：

用不到又不能捐的東西就拿去交換生活消耗品，如牙線、棉花棒、女性用品等，已經好幾年沒花錢買這些東西了。

10. 愛物惜物：

很多小地方其實都可節省利用，只要能找到替代品的就不用花錢買。

例如：
★廠商送的便利貼可自行用剪刀剪成細條 (末端剩 2 公釐) 做書籤用，這樣就不用花錢買長條型的便利貼了。

★ 過期的洗髮精、沐浴乳、泡澡液、洗衣精可用來洗馬桶或當免費馬桶清潔錠。
★ 用過的透明塑膠雨傘套至少有 4 種用途：可剪開成長條狀貼在冰箱內部做條狀透明簾
★ 防止冷氣外洩、作成冰箱內容物備忘板、包覆家電遙控器以保持清潔、塞入玻璃窗與紗
　窗的縫隙或門縫以防蚊子飛入室內。

行

1 騎腳踏車，或上網規劃大眾運輸路線，利用轉乘節省車費。到外縣市時則上「共乘板」
　找共乘或搭巴士。（綠色共乘網 http://carpool.tpc.gov.tw/carpool/his.aspx）

2 行程規劃盡量在同一天做完。例如買菜就挑上班上學的回程，順便到黃昏市場買。平常
　專程上菜市場要花來回公車錢 30 元，若利用回程時順便買菜，則搭捷運時利用 1 小時
　轉乘優惠，只需 6 元即可搞定買菜的車錢。

育樂

1 看電影：上圖書館看電影，如台北市立圖書館、中央圖書館台灣分館、國父紀念館等，
　943 曾經一年看一百多部經典電影，當場看或借閱，通通不用花錢。
2 聽音樂：聽網路電台，推薦 AccuRadio，不用塞滿硬碟就能聽各種音樂。
3 看報紙：上網看報吸收新知。
4 通訊：用 skype 講國際電話。在台灣時用免月租費的 PHS，接多打少，沒打就免付錢，
　常常通話費帳單好幾個月都是 0 元。

大家看完我的食衣住行一覽表，可以想像到，其實我的生活過得沒有困苦，
而且其實還蠻輕鬆的！省錢過生活，其實沒有那麼難！趕快一起加入吧！
為自己省錢，也為地球節省資源！

Lifestyle023

輕鬆料理＋節省心法＝簡單省錢過生活

943 窮學生懶人食譜

著者	943
文字編輯	劉曉甄
美術編輯	伊萊莎
行銷企畫	洪伃青
文字校對	連玉瑩
總編輯	莫少閒
出版者	朱雀文化事業有限公司
地址	台北市基隆路二段 13-1 號 3 樓
電話	（02）2345-3868
傳真	（02）2345-3828
劃撥帳號	19234566 朱雀文化事業有限公司
e-mail	redbook@ms26.hinet.net
網址	http://redbook.com.tw
總經銷	成陽出版股份有限公司
ISBN	978-986-6780-78-3
初版一刷	2010.10
初版三刷	2013.09
定價	250 元

出版登記　　　北市業字第 1403 號

全書圖文未經同意不得轉載

本書如有缺頁、破損、裝訂錯誤，請寄回本公司更換

943 窮學生懶人食譜：

輕鬆料理＋節省心法＝簡單省錢過生活／

943 著. __ 初版. 台北市 ： 朱雀文化, 2010. 10

面 ； 公分 . -（Lifestyle ; 23）

ISBN 978-986-6780-78-3(平裝)

1. 儲蓄 2. 能源節約 3. 個人理財 4. 食譜

421.1　　99018107